5G 新技术丛书

大 话 5G

The Myth of 5G

小火车 好多鱼 编著

電子工業出版社
Publishing House of Electronics Industry
北京 • BEIJING

内 容 简 介

4G 已经商用多年，5G 正方兴未艾。业界对 5G 系统的研究，已形成广泛共识：未来5G 将支持海量的数据连接，灵活适配多种空口技术，支持 20 Gbps 的超高速率。尽管 5G 的场景和需求已基本明确，但是候选关键技术仍在不断发展， 5G 技术已处于标准化的关键阶段。

本书作为 5G 的早期图书，首先从 5G 的需求和场景出发，重点介绍了 5G 的业务场景和技术指标；其次阐述了全球 5G 的最新研发进展，让读者能够对 5G 的研究形成全貌的认识；再次从无线物理层、接入网架构和核心网架构等方面重点阐述了候选的 5G 空口关键技术和网络关键技术。

本书立足于通信从业人员，用浅显易懂的方式论述深奥的 5G 通信原理，适合通信设备制造商、手机制造商、网络运营商、科研人员、高校教师、大学生、研究生等阅读与参考。

图书在版编目（CIP）数据

大话 5G/小火车，好多鱼编著. —北京：电子工业出版社, 2016.3
（5G 新技术丛书）
ISBN 978-7-121-28132-7

Ⅰ. ①大… Ⅱ. ①小… ②好… Ⅲ. ①无线电通信－移动通信－通信技术 Ⅳ. ①TN929.5

中国版本图书馆 CIP 数据核字（2016）第 024883 号

策划编辑：李树林
责任编辑：李树林
印　　刷：三河市双峰印刷装订有限公司
装　　订：三河市双峰印刷装订有限公司
出版发行：电子工业出版社
　　　　　北京市海淀区万寿路 173 信箱　邮编　100036
开　　本：720×1000　1/16　印张：13.25　字数：182 千字
版　　次：2016 年 3 月第 1 版
印　　次：2019 年 6 月第 13 次印刷
定　　价：48.00 元

凡所购买电子工业出版社图书有缺损问题，请向购买书店调换。若书店售缺，请与本社发行部联系，联系及邮购电话：（010）88254888，88258888。

质量投诉请发邮件至 zlts@phei.com.cn，盗版侵权举报请发邮件至 dbqq@phei.com.cn。

本书咨询联系方式：（010）88254463；lisl @ phei.com.cn。

序　一

现在全世界普及率最高的产品就是手机。2015 年全球移动通信普及率达 96.8%，其中近半数具有移动宽带（3G/4G）能力；中国的移动通信普及率为 95.5%，其中超过 60%为宽带用户。目前智能终端与宽带无线的结合大大拓展了移动通信的功能，手机已经成为个人生活和工作的数字助理，增强了我们的感知能力。但人们对通信能力的追求是无止境的，更高、更快、更广的目标一直激励科技工作者前行。

2015 年国际电信联盟明确了 5G 标准化的时间表，不少国家提出了 2020 年 5G 商用的目标。现在 5G 跃升为国际通信技术竞争新的制高点，在近 30 年来国际 PCT 专利累计数前 20 名的企业中，移动通信企业占到 60%，移动通信技术已成为国际知识产权竞争最集中的领域，原因是移动通信产业规模之大、移动通信服务应用之广。据 Gartner 公司分析，2012 年全球消费者 ICT 支出中近一半用在移动服务和手机上，GSM 和德勤公司联合研究得出的结论是：若 3G 移动数据应用增加 100%，人均 GDP 增速将提升 1.4 个百分点。可以想象，5G 与云计算和大数据及产业互联网相结合，其对社会经济的影响难以估量，3G/4G 将望尘莫及。因此，5G 受到主要国家的科技界、芯片业、通信设备制造业、运营业、互联网服务业等和政府的高度关注，今年 2 月在巴塞罗那召开的世界移动通信大会（WMC2016）上 5G 话题就成为热点。

什么是 5G? 不要说大多数人不知道，就是在通信界，很多人也说不清楚。因为 5G 不是单一的技术，而且也不仅是无线接口技术，需要有新型网络体系结构来支持，目前虽然有一些候选技术，但最终能否纳入到标准化还有不确定性。另外，目前虽然对 5G 可能的应用场景和期望达到的性能已有了共识，但对能否满足这些需求还不能说都心中有数，所设想的应用能否开拓百亿甚至千亿美元的市场还有待实践，但5G的设计需要朝着这一方向去努力。5G的发展充满挑战，这也正是5G的魅力所在，相信有很多人希望了解5G，《大话5G》的出版正当其时。

在5G技术尚未定型和应用还未开始的情况下写《大话5G》，既需要勇气，更需要对5G前瞻性技术有全面的了解。而且，用通俗手笔表述先进的新技术，把复杂的问题说简单，浅出根植深入，大话难在大彻，这对作者的通信网技术积累和科普写作经验都是不小的考验。本书较好地兼顾了技术的严谨性和科普性，作者低调的笔名并不掩盖其实力，没有在通信科技开发工作多年的深耕是写不出这本书的，这也是我国移动通信产业实力提升的反映。现在5G标准化还在路上，各国正在加大5G的研发力度，今后还会提出更多的新技术；我国与先进国家同步开展5G技术研究，将为我们争取到广阔的创新空间。期待本书将引发通信业更多人对5G技术的关注，并为之做出贡献。

中国互联网协会理事长

中国工程院院士

邬贺铨

2016年3月5日

序　二

坦白讲，当接到为《大话 5G》作序邀请的时候，我还真有点“恍如隔世”的感觉——光阴似箭，5G 时代一晃已至。

作为不折不扣的七五后，我们这一代人可以说见证了整个中国四代移动通信发展史。

非常清楚地记得：1G 时代，我用上了摩托罗拉翻盖模拟机；2G 时代，我用过摩托罗拉、爱立信、诺基亚；3G 时代，我用过多普达、摩托罗拉、联想、黑莓，最终锁定 iPhone；4G 时代嘛，不好意思，除了 iPhone 就是 iPhone。

好吧，这一切即将成为历史，一个新的时代即将来袭。5G，必将重新定义移动通信。

何出此言？

很朴素的逻辑，那就是“量变引起质变”，这其实也是唯物辩证法的基本规律。

从 1G 到 2G，从模拟到数字引发频宽的提升，通话质量上了一个台阶，移动电话迅速普及。

从 2G 到 3G，还是由于频宽的大幅提升，移动电话得以从功能型向智能型转变，“移动电话”的叫法慢慢消失，“智能手机”开始大行其道。

从 3G 到 4G，频宽发生了飞跃式的提升，智能手机日渐普及。同时，依附于智能手机的各种可穿戴设备渐渐流行，由此，万物互联也开始成为一个时髦的概念。那么，真正意义上的万物互联又靠什么？

答案毋庸置疑：5G。

如果说前四代移动通信的发展都是为了解决“人与人之间的连接”，那么，5G 就是为了解决“人与人、人与物、物与物之间的连接”。有趣的是，“人与人、人与物、物与物之间的连接”不正是万物互联的核心要义吗！

没错，5G 的划时代意义也由此而生。

堂而皇之的“大话”到此为止。收笔之前，我想和各位读者再简要分享围绕 5G 展开的一些应用，这些激动人心的“黑科技”也许会让你们对 5G 更期待。

首先是视频会议，真正意义上的视频会议。

即便在 4G 时代，视频会议依然没有真正流行起来，究其原因还是因为网络延迟。5G 时代，视频将成为人类主流沟通方式，超清晰、无延迟的视频将给我们带来真正的“天涯若比邻”的感觉。

其次是游戏，虚拟现实游戏。

各位想象过足不出户就能和远方的亲朋好友一起畅玩虚拟现实游戏吗？5G 时代，大家只要戴着虚拟现实头盔或者眼镜就可以天南海北毫无延迟地大玩特玩虚拟现实游戏了，这一点都不虚拟。

然后是驾驶汽车的体验，无人驾驶汽车。

5G 时代，网络延迟近似于零，无人驾驶汽车大行其道。想想吧，马路上再也没有交通信号灯甚至交通警察，汽车与汽车之间彼此连接、彼此感知，每一辆汽车都会实现自动安全行驶，人类再一次得到解放。

当然，不能不提的还有医疗，远程医疗。

借助 5G，医生可以利用机器人给远在千里之外的患者做手术；借助 5G，偏远地区人民也能享受到大城市人民才能享有的优质医疗资源。

万事俱备，只等《大话 5G》。

知名互联网学者 李易

2016 年 3 月 6 日

序　三

改变动物世界的根本能力是信息获取的能力。

人类通过六次信息革命建立了今天的文明，语言的发明让信息能够在猿之间分享，创造了人类。文字让信息可以记录，缔造了人类文明。纸和印刷术让信息远距离的传播，成为古代文明的高峰。无线电让信息远距离实时传输，成为近代文明的重要里程碑。电视让信息可以远距离实时多媒体的传播，这是当代文明最有力的印记。互联网让信息远距离实时多媒体双向交互的传输，地球因此变小，世界更加扁平，人类的政治、经济、文化都发生了巨大变化。

今天人类站在新的一次信息革命——第七次信息革命的门槛上，这次信息革命超越了前六次信息革命的传输，它是用移动互联、智能感应、大数据、智能学习综合而成的一个新的服务体系。会根本的改变人类社会，甚至会为“智能人”这样一种新的人种出现奠定基础。而5G正是这次信息革命的一个基础技术。

从第二代移动通信开始，我们要解决移动通信的核心问题，就是让速度越来越快，从每秒几十Kbps到数百Mbps。速度快是让信息大量、高品质传输的根本保证。然而未来的信息革命要求解决的绝不仅是速度问题，智能互联网对信息提出了更多新的要求，移动互联、智能感应、大数据和智能学习正在构建形成一个新的体系，这个过程中，对于网络就提出了完全不同于过去的新要求。5G就是应智能互联网而生的。

5G不再是仅仅让速度更快，而是高速度、泛在网、低功耗、低时延、万物互联、重构安全。

这意味着在5G的网络下，我们的网络结构、终端、体验都会发生巨大的革命性变化，也意味着5G会带来巨大的产业机会。5G的出现，也会导致整个通信业的巨大变革，仅一个用户定义和计费体系就会出现较大的改变，传统的用户就是 SIM 卡即用户，而未来可能会有千亿级的设备联网，什么是用户，如何进行计费，就会出现较大改变。在网络、终端出现巨大变革之后，相信 5G 的业务也会发生惊天之变。在传统的互联网时代，我们想导航都是很难的，今天叫车软件早已经让人不再陌生。未来智能交通、智慧医疗、智能健康管理、智能家居、移动电子商务、智慧工业、智慧农业、智能物流都会在 5G 的基础上形成巨大发展机会。

5G 不是远离普通大众的高深技术，而是很快会渗透到我们社会生活的方方面面，同时还会影响我们的经济、文化和政治。中国拥有华为这样全世界第一的通信设备制造商，也拥有中国移动这样全世界最大的通信运营商，在 5G 的时代，中国无论是在核心技术、通信标准的话语权、运营部署都会走在世界前列。因此，研究、了解 5G 技术，以及 5G 带来的通信网络、管理和业务的变化与走向，具有重要价值。

第七次信息革命正在悄悄地改变这个世界，5G 是这次信息革命的一个基础。

2016 年是 5G 标准化的关键年，《大话 5G》的出版恰逢佳时。该书从 5G 的需求、场景、研究现状出发，引出 5G 的核心技术，重点阐述了 5G 无线空口，5G 无线网络架构，给广大读者呈现出 5G 技术的概貌，5G 技术仍在不断发展，相信该书会给大家带来收获。

柒贰零（北京）健康科技有限公司董事长

飞象网 CEO

中国通信业知名观察家

智能互联网研究专家

2016 年 3 月 3 日

前　言

移动通信技术已经从第一代（1G）演进到第四代（4G），纵观整个移动通信系统的发展历程，每一次变革都有标志性的技术革新。1G于20世纪80年代初提出，是以模拟通信为代表的模拟蜂窝语音通信；2G是以时分多址（TDMA）和频分多址（FDMA）为主的数字蜂窝语音技术；3G是以码分多址（CDMA）为核心的窄带数据多媒体移动通信；而4G则是以正交频分复用（OFDM）和多入多出（MIMO）为核心的宽带数据移动互联网通信。

随着移动网络的飞速发展，手机成为今天人们生活最不可或缺的工具。随着4G以前所未有的速度替代3G，移动互联网获得了真正的腾飞，智能手机也随之成为人类密不可分的伴侣。

生活中，无论是汽车上、地铁上、十字路口，低头族成为一种普遍的现象，人们从移动互联网中便捷地获取丰富的资讯，而这都归功于移动通信技术的发展，使得这一切成为可能。

迄今为止，4G已经满足了人们的绝大部分通信和娱乐需求，4G之后移动通信技术如何发展，这已经成为通信界的头等大事。

从历史的经验来看，人们对更高性能移动通信的追求从未停止，可以预见，4G之后必然会有下一代移动通信技术，未来随着物联网、车联网的兴起，移动通信技术又将成为万物互联的基础，由此带来爆炸性的数据流量增长、海量的设备连接、不断涌现的各类新业务和应用场景。可以确定，未来移动通信产业即将迎来新的一轮变革——诞生万众瞩目的第五代移动通信系统（5G）。

对于第五代移动通信的技术形态和业务场景，工业界和学术界都在不断进行探索。目前，可喜的是业界在5G上已经达成广泛共识：不同于前四代移动通信技术，5G移动通信系统不是简单地以某个单点技术或者某些业务能力来定义，5G将是一系列无线技术的深度融合，它不仅关注更高速率、更大带宽、更强能力的无线空口技术，而且更关注新型的无线网络架构；5G将是融合多业务、多技术，聚焦于业务应用和用户体验的新一代移动通信网络。

目前，5G已经成为世界通信强国的国家战略，各国政府和全球知名标准组织都已经制订出5G的商用计划：第一阶段，2015年年底完成5G宏观描述；第二阶段，2016年到2017年年底，完成5G技术准备；第三阶段，从2017年年底开始，各国政府和国际组织将向ITU提交候选技术，2020年年底ITU将发布正式的5G标准，并进入商用。

4G还未远去，5G已经“热气袭人”。有人说4G将死，5G未生；有人说4G之后，再无他G；也有人说，5G是移动通信的涅槃重生……5G之路，是寂寞？是离愁？还是别有一番滋味在心头？

阿桑说：“孤单，是一群人的狂欢；狂欢，是一群人的孤单。”不管未来是坦途，还是荆棘，我们能做的，只有——勇往直前！

作者

2016年2月

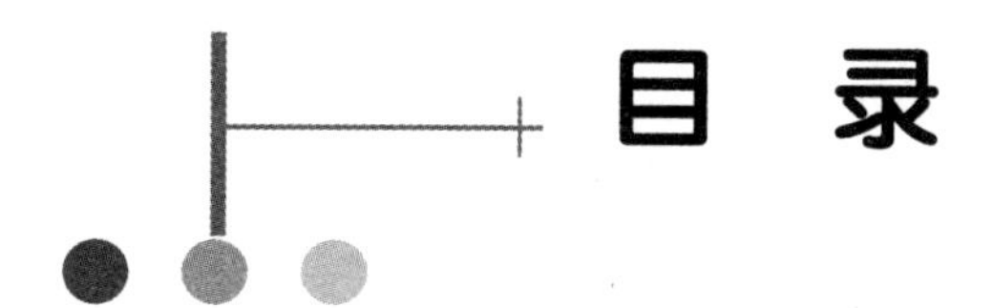

目 录

第一章

移动通信系统的发展和挑战

1

移动通信技术的发展

移动通信自 20 世纪 80 年代初诞生以来，已经走过了 30 多个年头，大约每 10 年就经历标志性的一代技术革新（如图 1-1 所示）：20 世纪 80 年代初诞生蜂窝移动电话系统（第一代模拟移动通信）；1991 年 GSM 商用（第二代

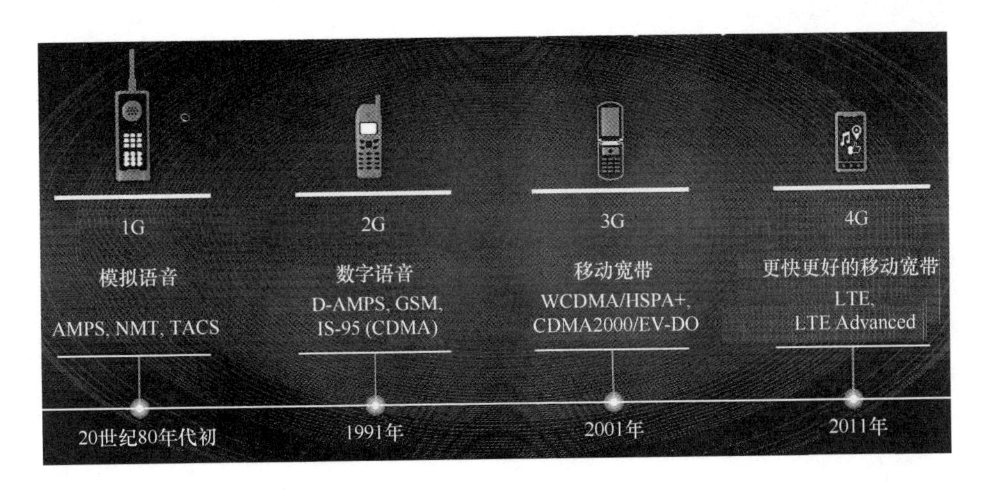

图 1-1　移动通信的发展史

数字移动通信技术）；2001 年 WCDMA 商用（第三代数字多媒体移动通信技术）；2011 年第三代移动通信合作伙伴计划（3GPP）发布了 LTE-Advanced 技术标准（第四代宽带数据移动互联网通信技术）。

移动通信系统的每次发展，都以标志性的技术革新为支撑，见表 1。

表 1-1　移动通信的核心技术

移动通信	核心技术
1G	FDMA
2G	时分多址（TDMA）和频分多址（FDMA）
3G	码分多址（CDMA）
4G	正交频分复用（OFDM）和多入多出（MIMO）

移动通信新技术的发展步伐越来越快，以 4G 为例：从 2008 年 3GPP 启动 LTE-A（4G）的研究和标准化工作，截至 2014 年年底，全球 LTE 商用网络已达到 354 个，用户超过 3.9 亿户，成为史上发展速度最快的移动通信技术，如图 1-2 所示。

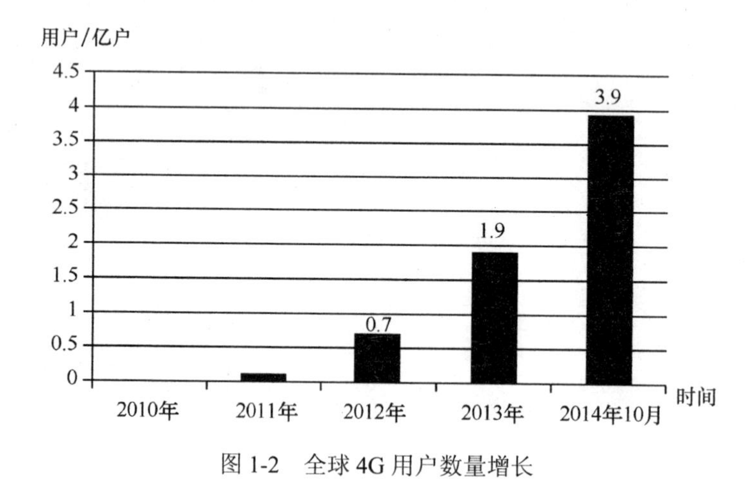

图 1-2　全球 4G 用户数量增长

4G 面临的挑战

运营商面临的挑战

智能手机的普及带来 OTT 业务的繁荣，在全球范围内，OTT 的快速发展对基础电信业造成重大影响，导致运营商赖以为生的移动话音业务收入大幅下滑，短信和彩信的业务量连续负增长。

一方面，OTT 应用大量取代电信运营商的业务，比如微信、微博、Twitter、WhatsApp、Line、QQ 等即时通信工具，依靠其庞大的用户群，在 4G 时代开始加快侵蚀传统的电信语音和短信业务，特别是这些 APP 开始集成基于数据流量的 VoIP 通信，如“微信电话本”版本，支持高清免费视频通话功能，对运营商的核心语音视频通信业务直接形成竞争态势。

尽管相比于传统电信业务，当前这些 OTT 应用还存在通话延迟、中断，以及接续成功率低等缺陷，但是随着技术的发展，OTT 应用对传统语音和短信的替代势不可挡。

受 OTT 的影响，仅 2014 年，全球网络运营商语音和短信收入减少了 140 亿美元，较 2013 年同比大降 26%。其中中国三大运营商移动语音、短信和彩信业务收入也出现全面下降。

另一方面，OTT 应用却大量占用电信网络信令资源，由于 OTT 应用产生的数据量少、突发性强、在线时间长，导致运营商网络时常瘫痪。尽管移动互联网的发展带来了数据流量的增长，但是相应的收入增长和资源投入已经严重不成正比关系，运营商进入了增量不增收的境地，如图 1-3 所示：无论 2020 年流量增长 1 000 倍还是 500 倍，实际上运营商的收入增长并没有太大改善；相反，流量的迅猛增长却带来成本的激增，使得运营商陷入“量收剪刀差”的窘境。

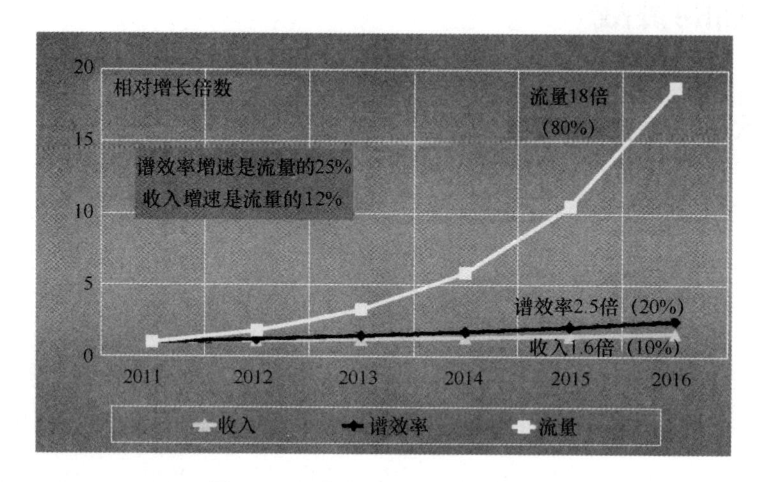

图 1-3　运营商量收剪刀差示意图

用户需求的挑战

移动通信技术的发展，带来智能终端的创新，随着显示、计算等的能力不断提升，云计算日渐成熟，增强现实（AR）和虚拟现实（VR）等新型技术应用成为主流。用户追求极致的使用体验，要求获得与光纤相似的接入速率（高速率）、媲美本地操作的实时体验（低时延），以及随时随地的宽带接入能力（无缝连接）。

各种行业和移动通信的融合，特别是物联网行业，将为移动通信技术的发展带来新的机遇和挑战，未来 10 年物联网的市场规模将与通信市场平分秋色。在物联网领域，服务对象涵盖各行各业用户，因此 M2M 终端数量将大幅激增，它与行业应用的深入结合将导致应用场景和终端能力呈现巨大的差异。这使得物联网行业用户提出了灵活适应差异化、支持丰富无线连接能力和海量设备连接的需求。此外，网络与信息安全的保障，低功耗、低辐射，实现性能价格比的提升成为所有用户的诉求。

技术面临的挑战

新型移动业务层出不穷，云操作、虚拟现实、增强现实、智能设备、智能交通、远程医疗、远程控制等各种应用对移动通信的要求日益增加，如图 1-4 所示。

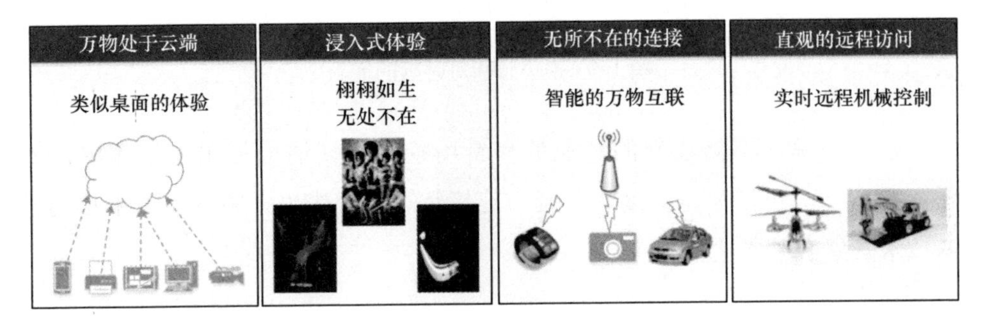

图 1-4　新型移动业务

随着云计算的广泛使用，未来终端与网络之间将出现大量的控制类信令交互，现有语音通信模型将不再适用，需要针对小数据包频发消耗信令资源的问题，对无线空口和核心网进行重构。

由于超高清视频、3D 和虚拟现实等新型业务，需要极高的网络传输速率才能保证用户的实际体验，这对当前移动通信形成了巨大挑战；以 8K（3D）的视频为例，在无压缩情形下，需要高达 100 Gbps 的传输速率，即使经过百倍压缩后，也需要 1 Gbps，而采用 4G 技术则远远不能满足需要。

随着网络游戏的普及，用户对交互式的需求也更为突出，而交互类业务需要快速响应能力，网络需要支持极低的时延，才能实现无感知的使用体验。

物联网业务带来海量的设备连接数量，现有 4G 技术无法支撑，而控制类业务不同于视听类业务（听觉：100 ms，视觉：10 ms）对时延的要求，如车联网、自动控制等业务，对时延非常敏感，要求时延低至毫秒量级（1 ms），才能保证高可靠性，如图 1-5 所示。

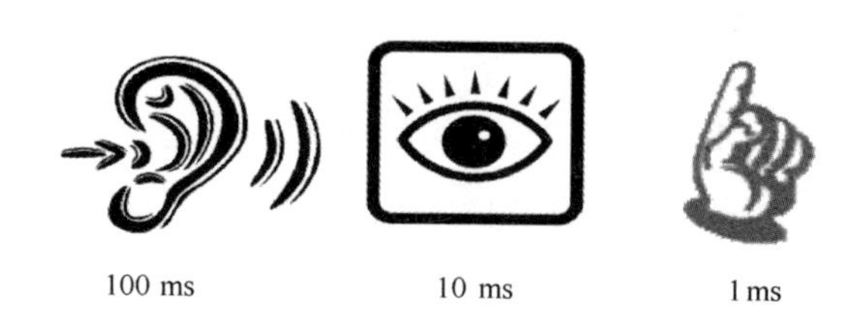

图 1-5 人类感知对时延的需求

总体来说，不断涌现的新业务和新场景对移动通信提出了新需求，如图 1-6 所示，包括流量密度、时延、连接数等三个维度，将成为未来移动通信技术发展必须考虑的方面。

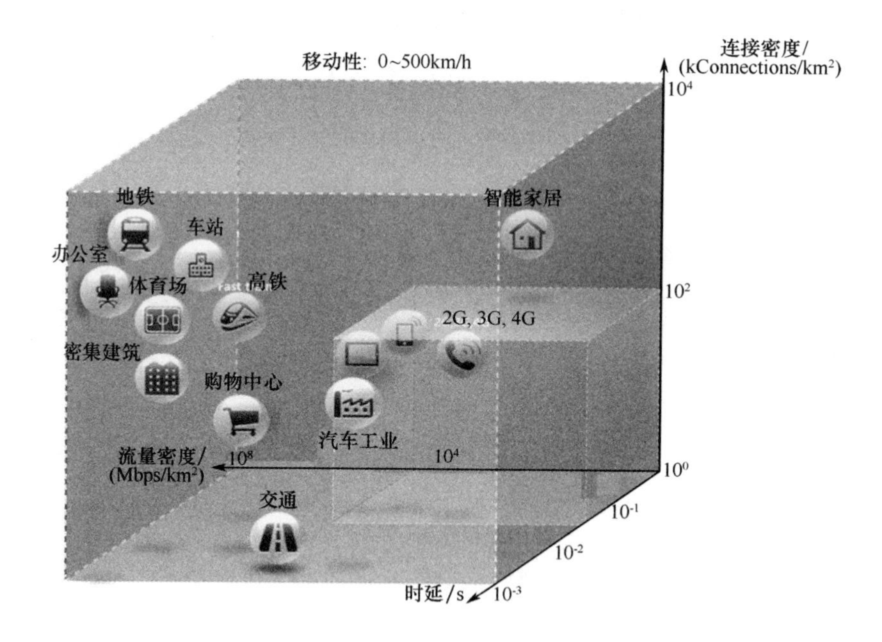

图 1-6 业务需求与移动网络能力示意图

4G 增强技术的演进

LTE+演进路线

LTE 从 2008 年提出至今，仍然在不断演进，如图 1-7 所示。

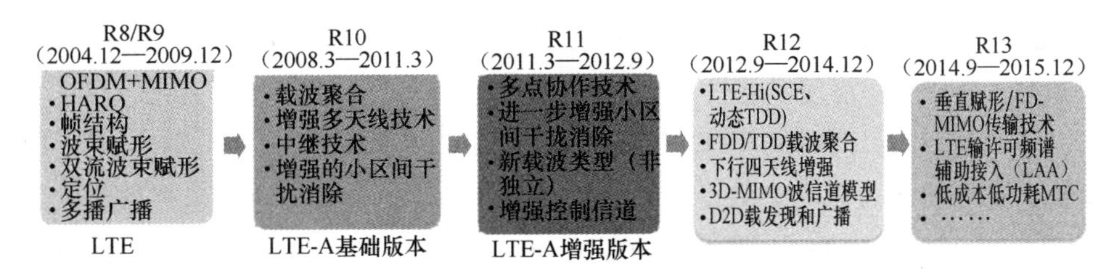

图 1-7 LTE/LTE-A 技术发展

R10 是 LTE-A 首个版本，于 2011 年 3 月完成标准化，R10 最大支持 100 MHz 的带宽，8×8 天线配置，峰值吞吐量提高到 1 Gbps。R10 引入了载波聚合、中继（Relay）、异构网干扰消除等新技术，增强了多天线技术，相比 LTE 进一步提升了系统性能。

R11 增强了载波聚合技术，采用了协作多点传输（CoMP）技术，并设计了新的控制信道 ePDCCH。其中，CoMP 通过同小区不同扇区间协调调度或多个扇区协同传输来提高系统吞吐量，尤其对提升小区边缘用户的吞吐量效果明显；ePDCCH 实现了更高的多天线传输增益，并降低了异构网络中控制信道间的干扰。R11 通过增强载波聚合技术，支持时隙配置不同的多个 TDD 载波间的聚合。

R12 称为 Small Cell，采用的关键技术包括：256QAM、小区快速开关和小区发现、基于空中接口的基站间同步增强、宏微融合的双连接技术、业务自适应的 TDD 动态时隙配置、D2D 等。

R13 主要关注垂直赋形和全维 MIMO 传输技术、LTE 许可频谱辅助接入（LAA）以及物联网优化等内容。

4G 网络架构演进

- 4G 接入网演进

目前，CRAN 是 4G 网络中的热点技术，其主要原理是将传统的 BBU 信号处理资源转化为可动态共享的信号处理资源池，在更大的范围内实现蜂窝网络小区处理能力的即取即用和虚拟化管理，从而提高网络协同能力，大幅降低网络设备成本，提高频谱利用率和网络容量。

当前，CRAN 还面临一些技术挑战，包括：基带池集中处理性能，集中基带池与射频远端的信号传输问题；通用处理器性能功耗比，软基带处理时延等问题。

- 4G 核心网演进

LTE 系统采用全 IP 的 EPC 网络，相比于 3G 网络更加扁平化，简化了网络协议，降低了业务时延，由分组域和 IMS 网络给用户提供话音业务；支持 3GPP 系统接入，也支持 CDMA、WLAN 等非 3 GPP 网络接入。

面对 OTT 的挑战，灵活开放的网络架构、低成本建网和海量业务提供能力，以及快速业务部署能力，成为 4G 核心网发展的重要趋势。

现有的 EPC 核心网架构，主要面向传统的语音和数据业务模型，对新的

OTT 业务、物联网业务等难以适配。另外，EPC 网元没有全局的网络和用户信息，无法对网络进行动态的智能调整或快速的业务部署。未来的新型网络技术——软件定义网络（Software Defined Network，SDN）和网络虚拟化（NFV）等与 4G 核心网融合，将满足移动核心网络发展的新需求。

未来移动通信的需求和挑战

展望 4G 诞生后的下一个 10 年，新的一代移动通信技术将以什么样的形式呈现，已成为通信业界的头等大事。尽管当前 4G 之后如何发展，方向还存在一些争议：有人认为 4G 之后，将只有 4G+，不再有 5G；有人认为 5G 必将到来。无论如何，移动通信将持续快速发展已经是一种不可抵挡的潮流和定律，未来数年，用户数、连接设备数、数据量均持续呈指数式增长，如图 1-8 所示。

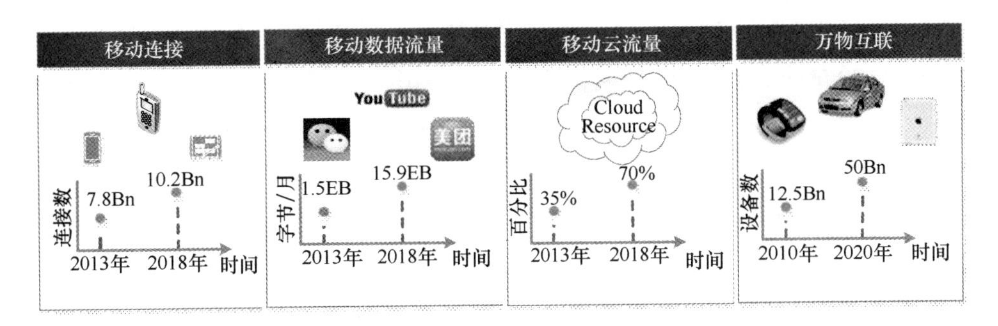

图 1-8 移动业务发展趋势

从 2008 年开始，各个研究机构就已经在展望 2020 年的移动通信场景，5G 的研究工作也随之启动，“4G 之后必然会有 5G”，这已经成为全球的共识，如图 1-9 所示。

IG(1980's)
话音
2G(1990's)
话音&短信
3G(2000's)
多媒体
4G(2010's)
移动互联网
5G(2020's)
数据、连接
和用户体验

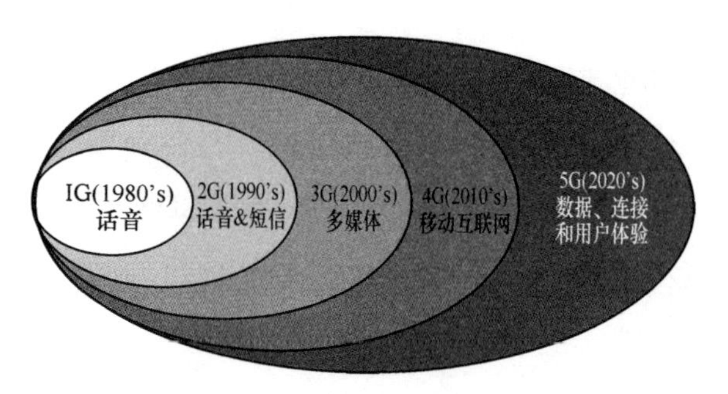

图 1-9 移动通信发展史

未来移动通信的需求

需求促进技术发展，已经成为亘古不变的定律，未来 10 年移动通信如何发展，需要关注哪些内容？

移动通信的主要需求来自移动互联网，在未来 10 年，通信速率（峰值速率，可获得速率）将增加 10 倍；网络容量将增加 1 000 倍，连接数将增长 100～1 000 倍，能耗将降至 1/10～1/1 000；WWRF 认为未来网络时延也将降低到现有 4G 网络的 1/10，如图 1-10 所示。更高速、更高效、更智能，满足用户无处不在的 100 Mbps 业务速率的网络成为一种共识。

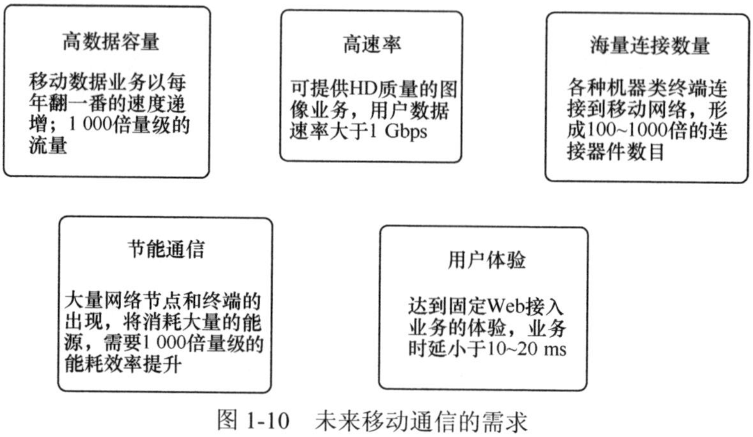

高数据容量
移动数据业务以每年翻一番的速度递增；1 000倍量级的流量
高速率
可提供HD质量的图像业务，用户数据速率大于1 Gbps
海量连接数量
各种机器类终端连接到移动网络，形成100~1000倍的连接器件数目
节能通信
大量网络节点和终端的出现，将消耗大量的能源，需要1 000倍量级的能耗效率提升
用户体验
达到固定Web接入业务的体验，业务时延小于10~20 ms

图 1-10 未来移动通信的需求

从目前来看，未来网络呈现如下特点：

（1）场景和业务多样化：各种业务层出不穷，相应的用户和业务形态差异较大，包括高速移动用户和低速移动用户、大量连接和少量连接、时延敏感和时延容忍、关键任务和不重要任务等。不同的业务类型难以在现有的空口和网络控制协议下实现高效的业务支撑，从而导致新的业务类型难以快速部署。

（2）网络密集化、网络节点多样化（多制式/多空口）：5G 环境存在更大数量、更丰富的网络节点，包括 5G 节点、4G 节点、WiFi 节点，甚至 3G 节点和 2G 节点，这些节点会进一步成为宏站节点、微站节点、微微站节点等，甚至包含不同的空口设计。

（3）组网形态多样化：多样化的网络节点以不同的拓扑形态进行组网，包括 C-RAN、异构/同构网络、超密集网络（UDN）、大规模天线（Massive MIMO）、Mesh 网络等。多样化的网络节点和组网形态不仅给网络运维带来沉重负担，也造成用户体验的不一致性。

未来移动通信的挑战

- 容量和频谱的挑战

容量需求和频谱短缺已经成为移动通信中最为棘手的问题，未来 10 年移动通信数据业务将增长 1 000 倍，为提升系统容量，需要更多的可用频谱，而现有的频谱资源远远不能满足，仅 2014 年移动数据业务的增长带来的频谱缺口就高达 300 MHz。

在过去 30 多年里，移动通信提高系统容量的方法主要有 3 种：增加无线传输带宽、提高无线传输链路的频谱效率和增加小区密度。

✧ 增加无线传输带宽

增加频谱，可以开发高频段（60 GHz 毫米波，6～15 GHz 高频。其中前者有较高的频宽，但穿透性较差；后者空间隔离性好）、可见光（电磁辐射小，保密性好）、红外线通信，以及智能频谱共享的方式。

✧ 提高频谱效率

提升频谱效率，可以采用更优的多址接入方式，以及大规模 MIMO、3D MIMO、无线网络的干扰管理、全双工通信等技术；更密集的基站部署（Small Cell 等）技术也可以提高整体的频谱效率。

✓ 多维动态频谱分配

传统频谱分配都是采用静态分配方式，导致频谱利用不均衡、频谱空洞和频谱利用效率低。可以通过结合“时—频—空”多维频谱的动态分配，促进频谱资源利用智能化，从而提高频谱利用效率。

✓ 新的多址方式

1G 采用的是 FDMA，2G 采用的是 TDMA，3G 采用的是 CDMA，如图 1-11 所示；4G 采用的是 OFDMA 和 SDMA。新型无线接入技术采用什么样的多址方式，需要我们继续探索。

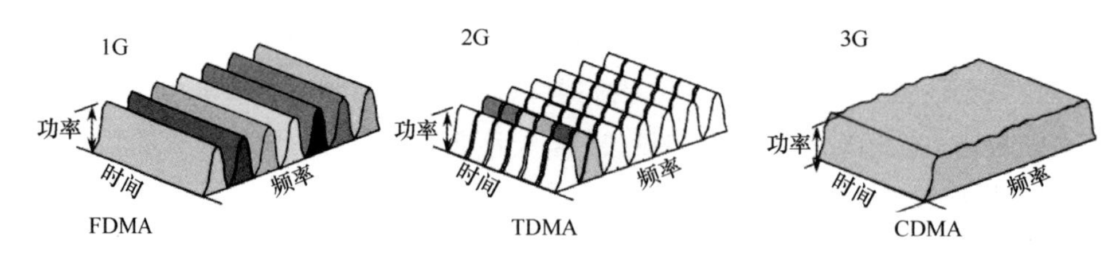

图 1-11　移动通信多址技术

✓ 新的无线传输技术

无线传输技术作为技术革新最多、最有成效的手段，通过引入高阶调制和高性能信道编码等技术有效地改善了频谱效率。例如：MIMO、3D MIMO（电磁波的传输平面增加俯仰角，进一步扩展空间自由度）；全双工通信技术可以显著提升系统容量；多天线对消方案，理论上可使信道容量大大提升。

✧ 增加小区密度

未来的组网架构要支持海量的数据连接，Gbps 量级的体验速率，仅仅依靠单一的组网模式必然难以满足各种场景的接入需求，未来多频谱、多制式和宏微协同的异构无线网络（如图 1-12 所示），必然成为下一代移动通信网络的主要形态。

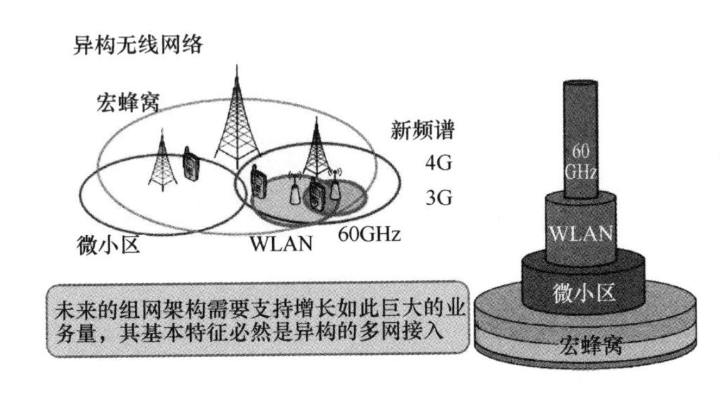

图 1-12 异构无线网络示意图

● 其他挑战

未来网络设计中需要重新思考以下问题：

一是从单一追求频谱效率（系统容量）转变为以频谱效率和能量效率共赢的设计理念；

二是从资源和连接管理等多方面打破传统蜂窝概念，实现用户跨蜂窝站点的一致性体验；

三是建立智能自适应的信令和控制机制，以适应未来网络业务的高度多样性和差异性，有效降低信令开销，提升用户体验和网络效率；

四是通过天线形态多样化，让基站更绿色；

五是打造适用于全频段的接入机制，以空口制定化的方式让无线信号“量体裁衣”。

第二章

5G 的需求和场景

4G 已经商用多年，技术趋于成熟。按照移动通信的发展规律，5G 将在 2020 年左右商用，5G 已经成为当前移动通信领域最热门的研究内容，包括全球各国政府、标准组织、电信运营商、设备商都在 5G 研究中投入大量的人力和财力。

欧盟早在 2013 年就成立 METIS (Mobile and Wireless Communications Enablers for The 2020 Information Society）项目，后又成立 5G-PPP 项目；韩国和中国分别成立了 5G 技术论坛和 IMT-2020（5G）推进组等。

目前，世界各国已就 5G 的发展愿景、应用需求、候选频段、关键技术指标及候选技术达成广泛共识，力争 2020 年形成 5G 标准，并正式启动商用。

什么是 5G

随着无线通信系统带宽和能力的增加，移动网络的速率也飞速提升，从 2G 时代的不足 10 Kbps，发展到 4G 时代的 1 Gbps，足足增长了 10 万倍，如图 2-1 所示。

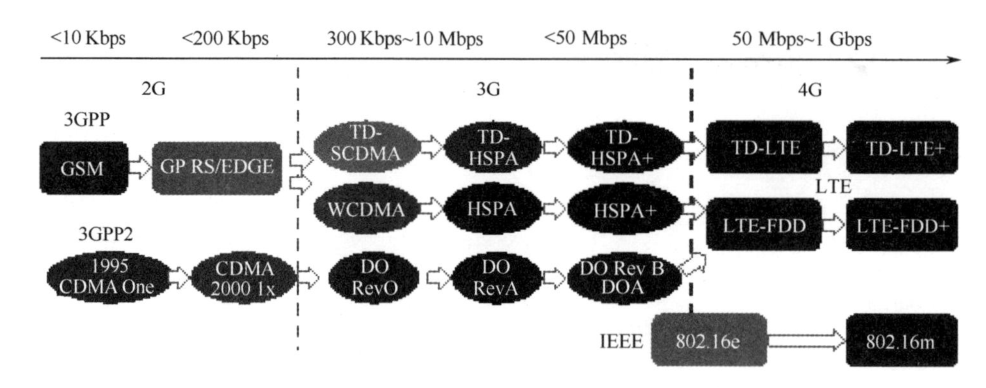

图 2-1　移动通信网络的发展历程

历代移动通信的发展，都以典型的技术特征为代表，同时诞生出新的业务和应用场景。而 5G 将不同于传统的几代移动通信，它不仅是更高速率、更大带宽、更强能力的空口技术，更是面向业务应用和用户体验的智能网络；5G 不再由某项业务能力或者某个典型技术特征所定义，它将是一个多业务多技术融合的网络，通过技术的演进和创新，满足未来包含广泛数据和连接的各种业务的快速发展需要，提升用户体验。

5G 面向 2020 年以后的人类信息社会，尽管相关的技术还没有完全定型，但是 5G 的基本特征已经明确：高速率（峰值速率大于 20 Gbps），低时延（网络时延从 4G 的 50 ms 缩减到 1 ms），海量设备连接（满足 1 000 亿量级的连接），低功耗（基站更节能，终端更省电）。

当下 5G 候选技术还未最终确定，有望 2016 年初开始 5G 候选技术标准的征集与评估工作，2018 年底完成 5G 标准化工作，2020 年开始进行商用，如图 2-2 所示。

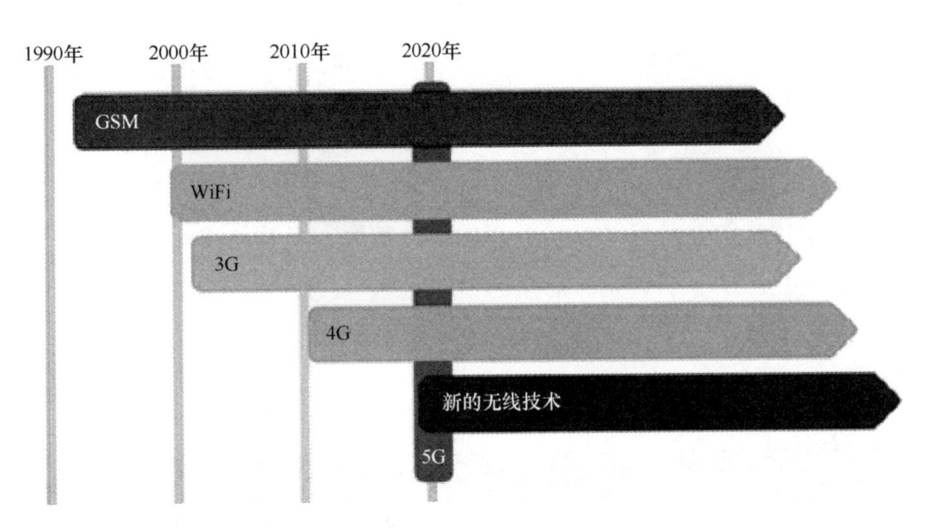

图 2-2　5G 的发展计划

5G 的需求

5G 的业务需求

5G 面向的业务形态已经发生了巨大变化：传统的语音、短信业务逐步被移动互联网业务所取代；云计算的发展，使得业务的核心放在云端，终端和网络之间主要传输控制信息，这样的业务形态对传统的语音通信模型造成了极大的挑战；M2M/IoT 带来的海量数据连接，超低时延业务，超高清、虚拟现实业务带来了远超 Gbps 的速率需求……现有的 4G 技术均无法满足这些业务需求，期待 5G 能够解决。

- 云业务的需求

目前云计算已经成为一种基础的信息架构，基于云计算的业务也层出不穷，包括桌面云、游戏云、视频云、云存储、云备份、云加速、云下载和云同步等已经拥有了上亿用户。未来移动互联网的基础就是云计算，如何满足云计算的需求，是5G必须考虑的问题。

不同于传统的业务模式，云计算的业务部署在云端，终端和云之间大量采用信令交互，信令的时延、海量的信令数据等，都对5G提出了巨大的挑战，如图2-3所示。云业务要求5G需求端到端时延小于5 ms，数据速率大于1 Gbps。

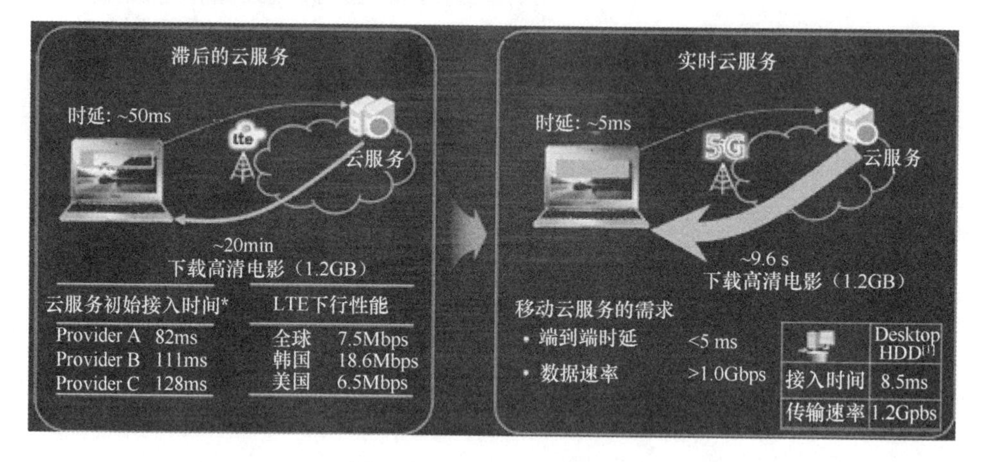

图2-3　云业务的业务需求

• 虚拟现实的需求

虚拟现实（Virtual Reality，VR）是利用计算机模拟合成三维视觉、听觉、嗅觉等感觉的技术，产生一个三维空间的虚拟世界，让使用者拥有身临其境的感受，如图2-4所示。

近年来，迪士尼、Facebook、三星、微软、谷歌等国际巨头纷纷在VR领域布局，全球也涌现出一大批VR创业企业。比如迪士尼的“Cave”（洞穴）

投影仪，Facebook 的 Oculus Rift 头盔，微软推出 Hololens 眼镜……

要满足虚拟现实和浸入式体验，相应的视频分辨率需要达到人眼的分辨率，网络速率必须达到 300 Mbps 以上，端到端时延要小于 5 ms，移动小区吞吐量要大于 10 Gbps，VR 作为 5G 的杀手业务，要求 5G 网络必须满足这些业务指标需求，如图 2-5 所示。

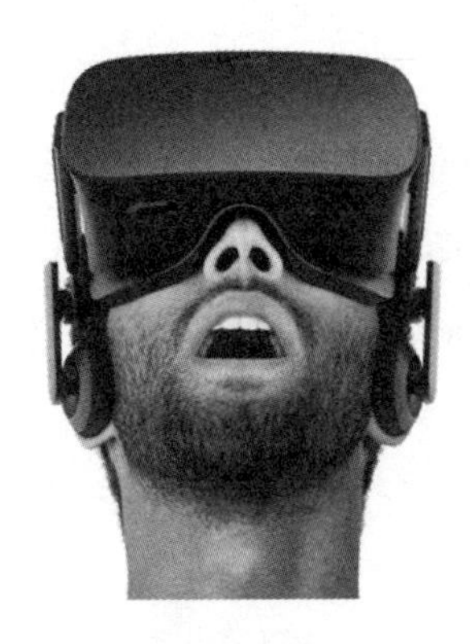

图 2-4 Oculus Rift 虚拟现实技术

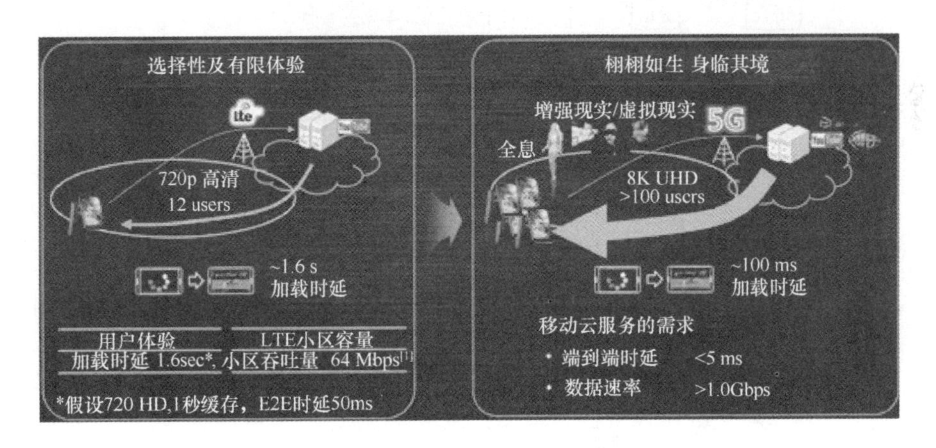

图 2-5 虚拟现实技术业务需求

- 高清视频的需求

现在高清视频已经成为人们的基本需求，4K 视频将成为 5G 网络的标配业务。不仅如此，保证用户在任何地方都可欣赏到高清视频，即移动用户随时随地就能在线获得超高速的、端到端的通信速率，是 5G 面临的更大挑战。

- 物联网的需求

5G 之前的移动通信是一种以人为中心的通信；而 5G 将围绕人和周围的

事物，是一种万物互联的通信，如图 2-6 所示。5G 需要考虑 IoT（Internet of Things）业务（如汽车通信和工业控制等 M2M 业务），IoT 带来海量的数据连接，5G 对海量传感设备及机器与机器通信（Machine to Machine，M2M；Machine Type Communication，MTC）的支撑能力将成为系统设计的重要指标之一。

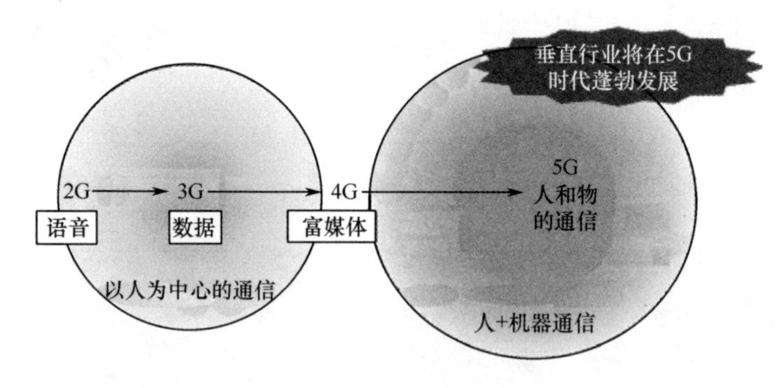

图 2-6　5G 的业务类型

爱立信把 M2M 的 5G 需求划分为 Massive MTC 和 Critical MTC 两类，如图 2-7 所示，其中前者定位于满足海量数据连接，后者定位于高可靠、低时延的 M2M 业务的通信。

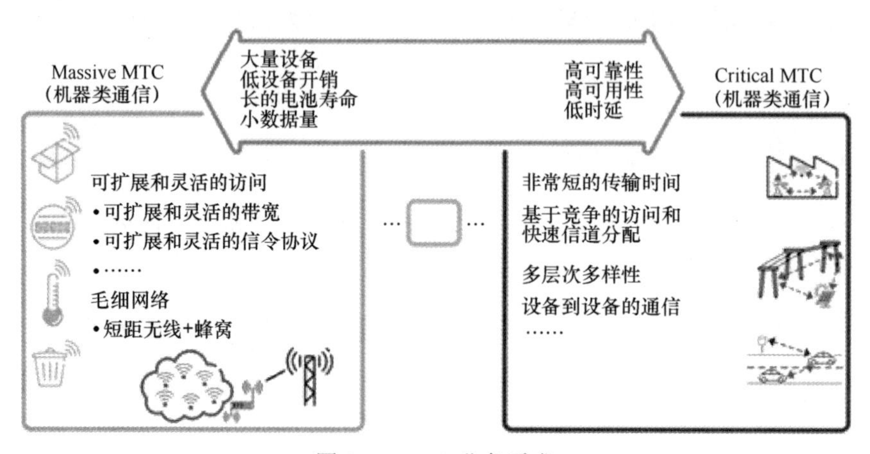

图 2-7　MTC 业务需求

低时延是电子医疗、自动驾驶等远程精确控制类应用成功的关键。在 5G 网络中，时延将从 4G 的 50 ms 缩短到 1 ms。以自动驾驶汽车为例，速度的 60 km/h 的汽车在 50 ms 时延内将开出约 1m 远；如果为 1 ms，则车辆移动距离仅为 1.6cm，安全性将大大提高。

5G 的技术需求

一般来说，如图 2-8 所示，5G 的技术包含 7 个指标维度：峰值速率，时延，同时连接数，移动性，小区频谱效率，小区边缘吞吐率，Bit 成本效率。

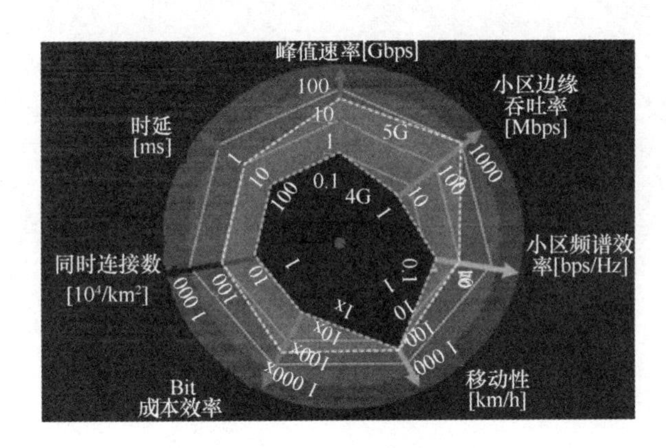

图 2-8　5G 技术需求

➢ 峰值速率：如图 2-9 所示，5G 需要比 4G 提升 20~50 倍，即达到 20～50 Gbps。

➢ 用户体验速率：相比 4G 系统，5G 需要保证用户在任何地方具备 1Gbps 的速率；

➢ 时延：如图 2-10 所示，5G 时延缩减到 4G 时延的 1/10，即端到端时延减少到 5 ms，空口时延减小到 1 ms。

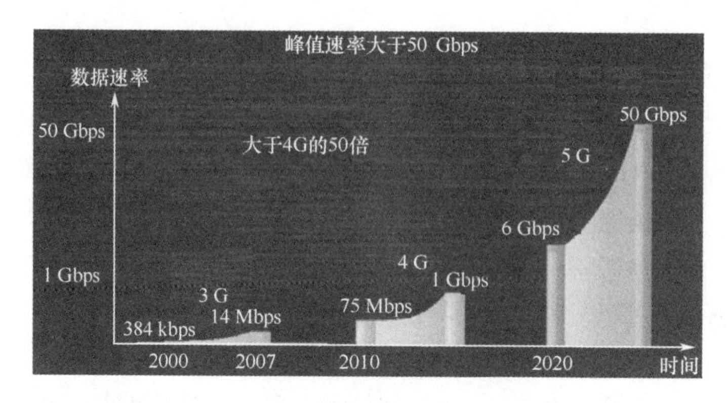

图 2-9　5G 峰值速率需求

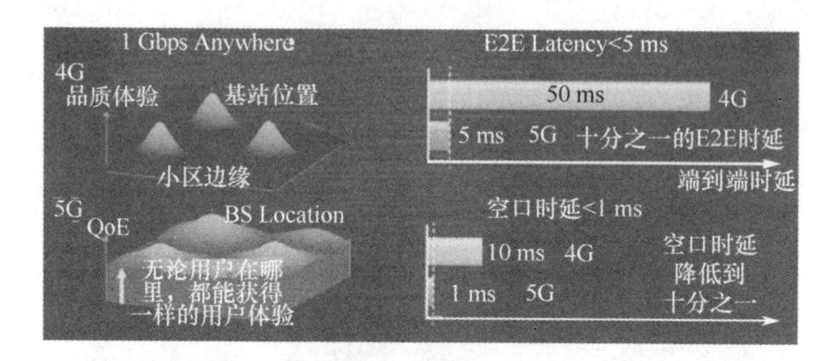

图 2-10　5G 时延需求

➢ 同时支持的连接数：如图 2-11 所示，相比于 4G 系统，5G 需要提升 10 倍以上，达到同时支持包括 M2M/IoT 在内的 120 亿个连接的能力。

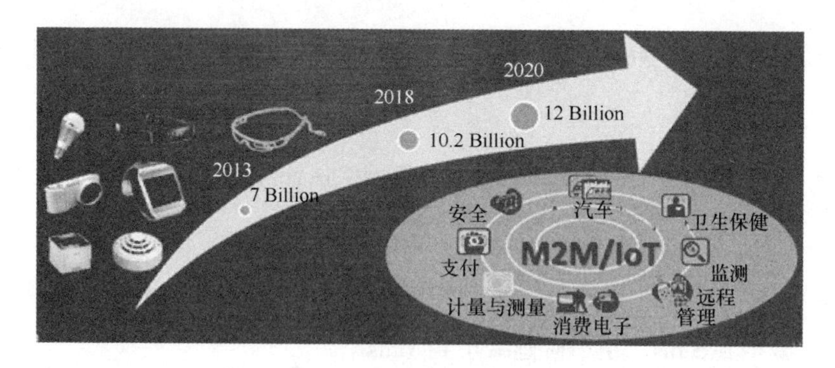

图 2-11　5G 连接能力需求

➢ Bit 成本效率：如图 2-12 所示，相比于 4G 系统，5G 要提升 50 倍以上，每 Bit 成本大大降低，从而促使网络的 CAPEX 和 OPEX 下降。

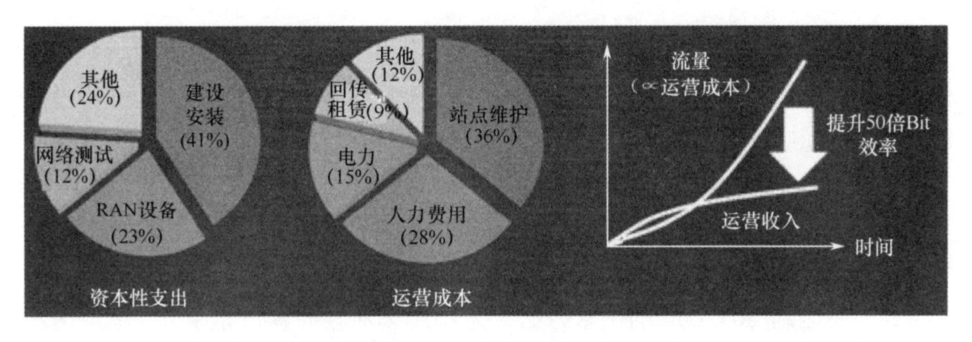

图 2-12　5G 成本需求

5G 面临的挑战

相比于前几代技术，5G 在技术成熟度、标准化和产业化等方面还面临巨大的挑战。

技术不成熟

目前 5G 新技术似乎层出不穷，颇有一种“乱花渐欲迷人眼”的景象，但是正如“浅草才能没马蹄”，最后胜出的肯定是成本和效益取得最优的方案。笔者认为 5G 性能的提升最终还主要依赖于空间资源的深度复用和网络功能的深度智能化。

近期讨论的 5G 热点技术包括：大规模天线（Massive MIMO ）技术，超密集组网（UDN）技术，软件定义网络（SDN），网络功能虚拟化（NFV）技术，全双工技术，新型多址方式（SCMA、F-OFDM、MUSA 等），毫米波通信，等等。

其中大规模 MIMO（多输入多输出），其适用场景的信道模型还不清晰；全双工技术仍需在大规模组网条件下进行深入的验证；SDN 技术在无线接入网络中面临资源分片和信道隔离、切换等技术的挑战；新型波形（FBMC、SCMA、MUSA、PDMA）等技术，其真实性能和增益还有待进一步仿真检验。

频谱短缺

5G 要达到 20 Gpbs 的需求，必须采用更多频谱资源才能满足。国际移动通信系统（IMT）给中国划分的频率总计为 687 MHz，其中时分双工（TDD）总计 345 MHz，频分复用（FDD）总计 342 MHz。根据中国 IMT 2020（5G）推进组的预测，到 2020 年我国频谱需求为 1 350～1 810 MHz，通信频谱短缺非常严重。在国际方面，ITU-R WP（ITU 5G 工作组），测算了世界范围的频谱需求，到 2020 年全世界频谱需求为 1 340～1 960 MHz。

频谱作为一种不可再生的资源，已经非常紧张。为了拓展更多频谱资源，一方面，需要政府机构科学规划频谱资源，为 5G 开辟新的频谱；另一方面需要采用新技术去提升频谱使用效率。

现有的低频段已经非常拥挤，因此拓展高频资源是 5G 现实的选择，爱立信认为：从 1 GHz 到 1 00GHz 的频谱都有可能应用到 5G 系统中，如图 2-13 所示。

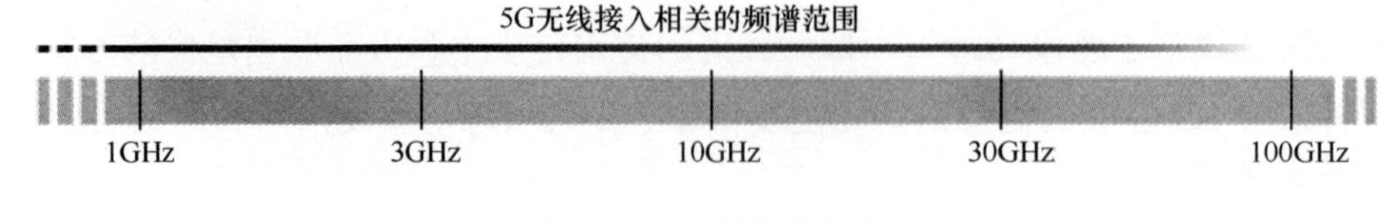

图 2-13　5G 的相关频段

根据移动通信的发展规律，5G 将具有超高的频谱利用率和能效，在传输速率和资源利用率等方面将得到显著提高。

技术融合的障碍

5G 不依赖于某个单点技术，将是一个多技术融合的多业务网络。这包括：多种接入技术，多个业务网络和多种网络架构的融合。5G 在技术融合的过程中，还需要兼容传统网络，如何做到传统网络和 5G 的共存？5G 的语音通信如何考虑，IMS 是否还存在？现有的多制式、多接入方式和多终端芯片存在多大挑战？复杂的场景、网络架构和接入方式，如何降低全网能耗，降低终端能耗？如何去解决 4G、3G 网络中的信令风暴顽疾？所有的这些都需要在 5G 的技术融合中进行深入探讨。

能耗的挑战

5G 会带来用户流量的激增（1 000 倍数据流量），而不能带来运营剪刀差的扩大，这意味着每 Bit 成本要显著降低（1/1 000），相应的设备比特能耗效率就要提升 1 000 倍。这对 5G 的网络架构、空口传输、核心网数据分发和网络管理等技术带来了挑战。

终端设备的挑战

5G 作为多技术融合的系统，必然要求 5G 终端设备将支持更多不同的无线制式，因此低成本多模终端的研发是现实挑战。

由于 5G 速率比 4G 提升了 1 000 倍，而且支持更多设备类型，因此，也给终端的待机时间、散热工艺和电池技术等的研发带来挑战。

业务适配的挑战

5G 要支持的业务繁多，而且各种业务的需求千差万别，在设计上存在诸多悖论。例如：既满足低速海量连接，又满足高速移动场景；既满足超低时延需求，又满足小包突发业务场景；如何制定统一的通信协议来满足业务灵活性，这些都将面临极大挑战。

5G 的场景和应用

在人们的日常生活中（工作、学习、购物和社交等），5G 将无所不在。除此以外，在灾难避免和减灾、环境保护、医疗救助、资源问题（节能）等方面，5G 也会有典型的应用。

总体来说，在人类经济、社会生活的各个方面，5G 都会增强现有服务的用户满意度，如图 2-14 所示。

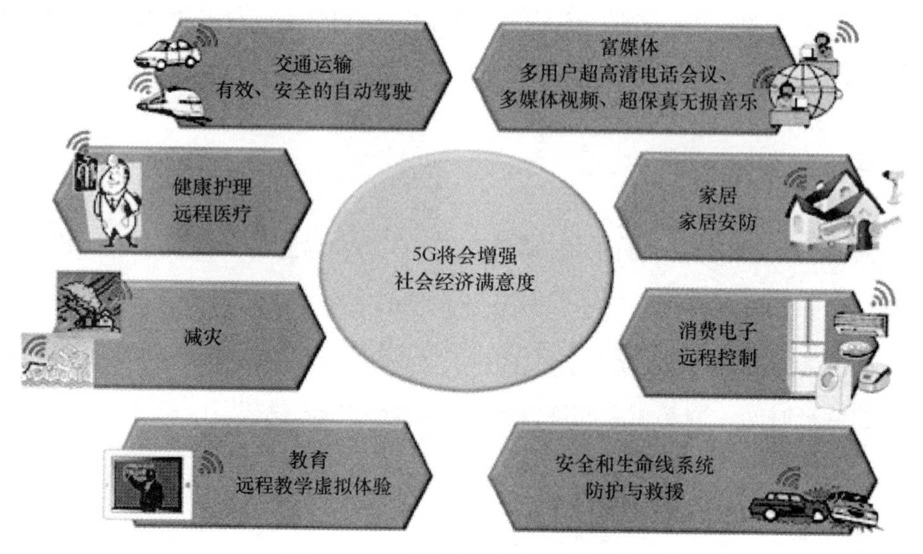

图 2-14　5G 增强现有应用的场景

除了对现有场景的增强以外，5G 将会诞生哪些独特的场景呢？由于 5G 的高速、低时延，以及支持海量连接和高速移动性等特点，尤其可以应用在智能交通、智能电网、实时远程计算/云计算、实时互动游戏、实时远程控制、移动互联网、物联网和智能硬件等场景。从信息通信技术（ICT）的角度来看，5G 将会使得这些领域发生巨大的改变。由于 5G 的出现，这些场景都会变成现实，如图 2-15 所示。

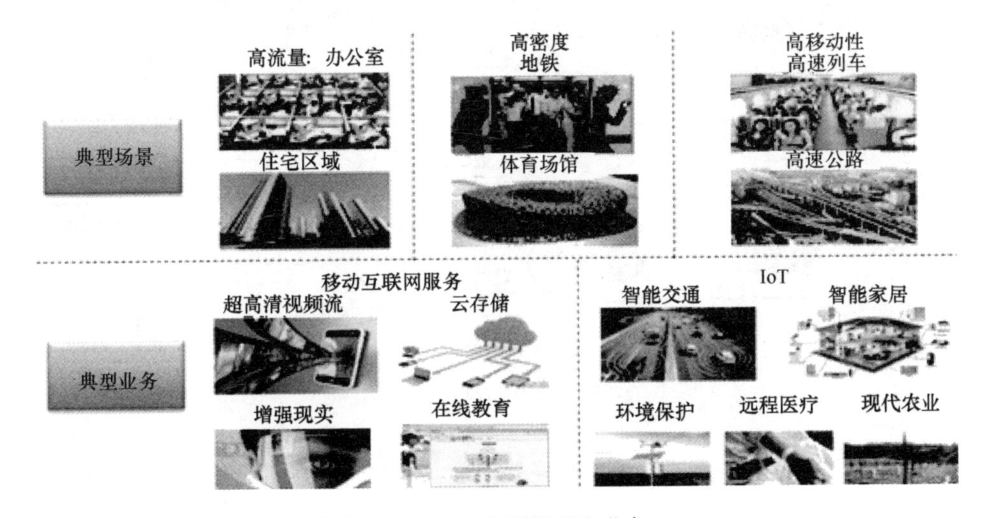

图 2-15　5G 典型场景和业务

传统的增强现实、沉浸式体验和云桌面等业务，具有中速数据连接（1 Gbps）、高速移动性等特点，利用现有的 4G 技术勉强可以实现；而超高清视频、3D 互动、虚拟现实等业务，由于视频解析度的提高，要求网络具有超高速数据连接（10 Gbps）和低速移动性等特点，必须采用 5G 才可能实现，这些场景也成为 5G 的标志性场景之一。

另外，以 IoT 为代表的一些新型业务也成为 5G 的亮点，特别是自动驾驶和工业控制。

自动驾驶作为汽车工业和通信相结合的场景，成为汽车界与电信界通过互联网相互跨界的典范，相关的组织如图 2-16 所示。其中包含 Google、Apple 等互联网公司，IBM、Cisco、Semetech 等 IT 公司，以及 ITU、3GPP 等电信组织。

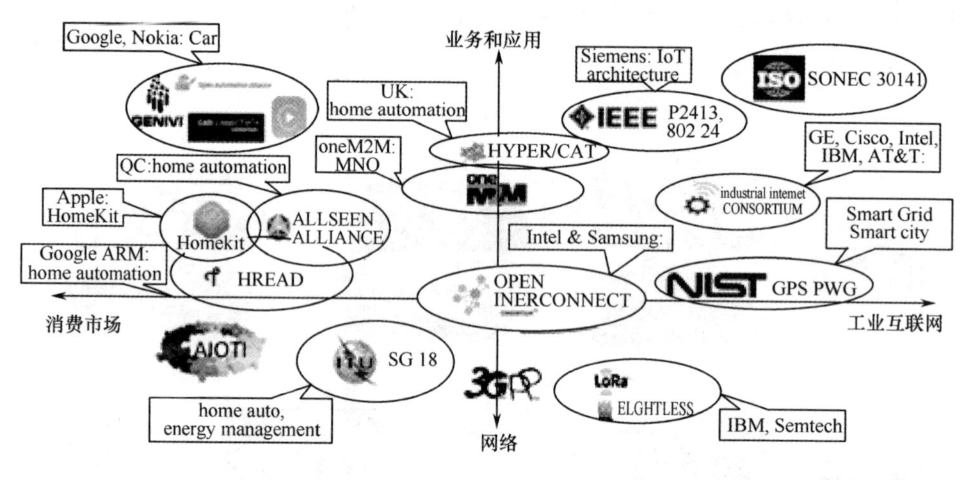

图 2-16　自动驾驶相关标准组织

自动驾驶不仅仅需要导航、视觉识别、工业控制、传感器等技术，更需要 5G 提供一个超高速、超低时延的网络系统，才能满足自动驾驶、精确定位的需求。

在 ITU 给出的 5G 场景中，交通行业涵盖了汽车、自动驾驶、智能城市和语音通信等关键应用领域，实际上交通领域已成为 5G 的重点场景，如图 2-17 所示。

通过将汽车引入到电信领域，可以为电信网络创造新的业务。在汽车间共享和虚拟化资源，可以重用现有的网络架构。随着 IoT 和电信领域的交叉，相信电信可以同其他行业深入整合，产生更多更好的业务，如图 2-18 所示。

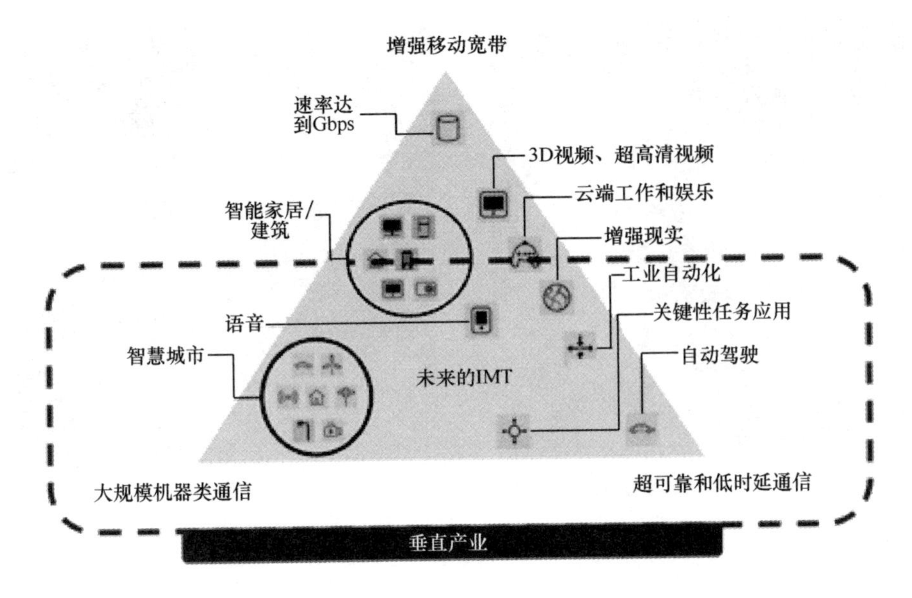

图 2-17 汽车业和 5G 的关系

图 2-18 电信和工业的融合

除此以外，在全球的通信展中，各大设备商也展出了一些颇具创意的 5G 场景。比如：爱立信研究院与沃尔沃建筑设备公司（Volvo CE）携手合作，通过移动网络实时展示如何远程控制两台挖掘机（如图 2-21 左所示）；华为演示了依靠 5G 网络实时遥控机器人手臂作画的场景（如图 2-19 右所示）。可以预见，未来 5G 超低时延技术可以应用在诸多工业控制领域。

爱立信的5G创意场景

华为的5G创意场景

图 2-19　5G 创意场景

第三章

全球 5G 研发进展

4G 已在全球规模商用，业界开始启动面向 2020 年及未来的第 5 代移动通信技术（5G）的研究工作，目前 5G 研究处于初期阶段，主要集中在 5G 需求、频谱、关键技术等内容。

如图 3-1 所示，纵观全球，欧洲各国、中国、美国、日本和韩国等都已经把 5G 上升为国家战略，在全球的共同努力和推动下，5G 系统的基本特征已初

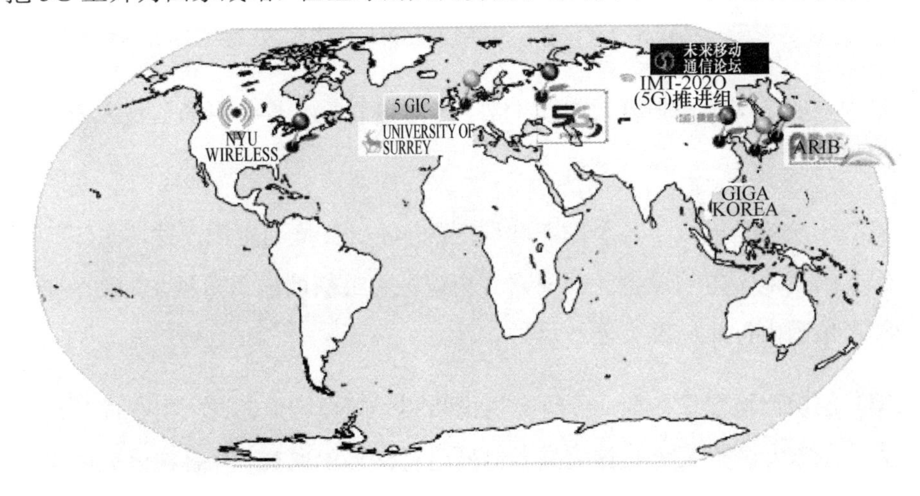

图 3-1　全球 5G 研究分布示意图

步形成——5G 将满足未来超千倍的移动数据增长需求，为用户提供光纤般的接入速率、“零”时延的使用体验、千亿设备的连接能力，以及超高流量密度、超高连接数密度和超高移动性等多场景的一致服务，促使业务及用户感知的智能优化，并为网络带来百倍的能效提升。

全球的 5 G 的研发团队如图 3-2 所示。

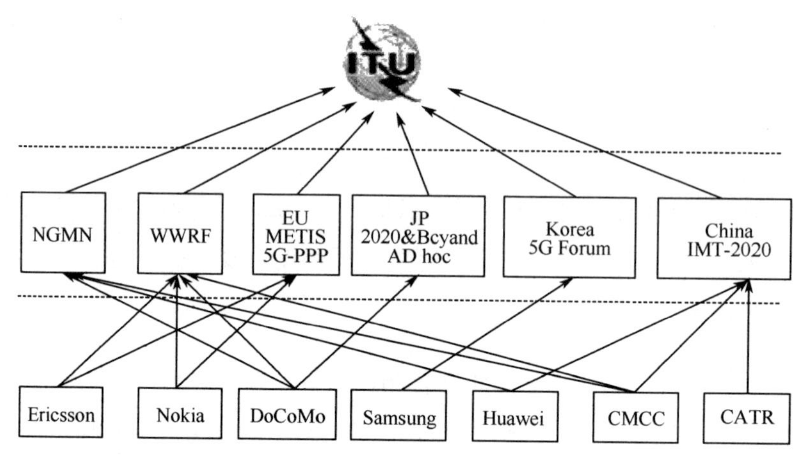

图 3-2　全球 5G 研究分布示意图

最顶端的是国际电信联盟组织 ITU，国际电联是主管信息通信技术事务的联合国机构。

第二层次就是成立于各个国家和地区的 5G 研究推动组织，这些组织往往会组织本国或地区内的设备运营商召开会议汇总最新的技术进展，以输出研究报告和提供国内行业标准为最终目的。

第三层次由运营设备商、各研究机构和相关院校构成。这一层次成员可以组织大量专家专注于某个具体的技术问题进行深入的研究，并且将研究成果在以上两层组织进行推广和影响，得到认可后形成行业标准规范从而取得技术优势以进行更进一步地研发。

全球各国政府及组织

欧盟

欧盟在 2012 年 9 月启动了“5G NOW”的研究课题，项目归属于欧盟第七框架计划 FP7，课题主要面向 5G 物理层技术进行研究。

2012 年 11 月正式启动名为“构建 2020 年信息社会的无线通信关键技术”（Mobile and Wireless Communications Enablers for Twenty-twenty Information Society, METIS）的 5G 科研项目，持续时间 2 年半，投资总计达 2 700 万欧元。METIS 项目分为八个组，分别对 5G 的应用场景、空口技术、多天线技术、网络架构、频谱分析、仿真及测试平台等方面进行深入研究，如图 3-3 所示。

To provide a versatile and scalable system concept that supports
— 1000x higher mobile data volumes
— 10x to 100x higher number of connected devices
— 10x to 100x higher typical end-user data rates
— 10x longer battery life for low-power connected “machines”
— 5x lower end-to end latency
— with similar overall cost and energy consumption as the networks of today

图 3-3　METIS 5G 目标

METIS 研究 5G 的技术目标包括：移动数据流量增长 1 000 倍；典型用户数据速率提升 100 倍，速率高于 10Gbps；联网设备数量增加 100 倍；低功率 MTC（机器型设备）的电池续航时间增加 10 倍；端到端时延缩短 5 倍。

在场景方面，如图 3-4 所示，METIS 提出了 12 个典型的 5G 应用场景——

虚拟现实办公、超密集城区、移动终端远程计算、传感器大规模部署和智能电网等，以及每个典型场景下的用户分布、业务特点和相应的系统关键能力需求。在业务方面，METIS 提出了增强型移动互联网业务、大规模 M2M（机器类）通信和低时延高可靠通信等 5G 业务。

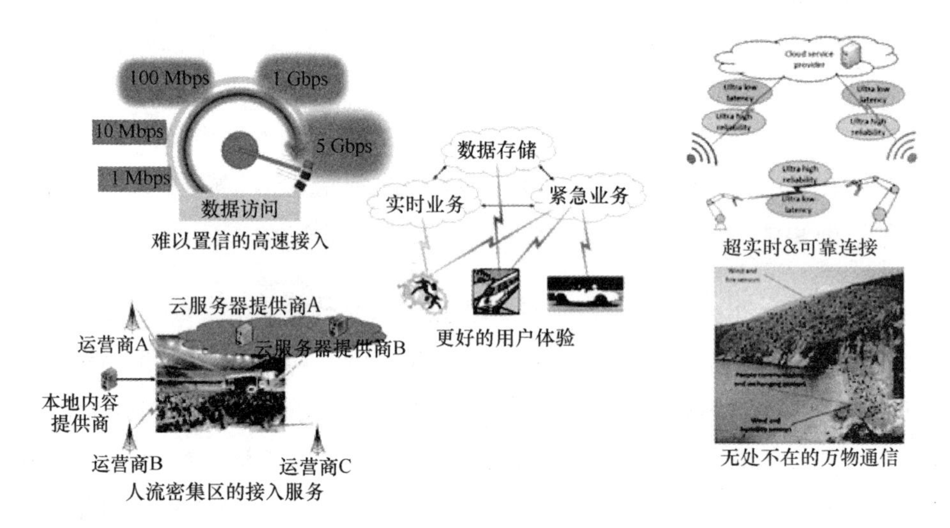

图 3-4 METIS 定义的 5G 场景

通俗来讲，METIS 的 5G 场景概括为：快、密、全、佳、实。快，即前所未有的高速率；密，即支持人口密集地区的优质通信；全，即支持各类联网设备；佳，即最佳体验如影随形；实，即超实时、超可靠，5G 将支持推出对延时和可靠性有更严格要求的新应用。

2014 年 1 月欧盟启动了“5G 公私合作”（Public Private Partnership，5G-PPP），项目总投资达到 14 亿欧元，并将 METIS 项目的主要成果作为重要的研究基础，以更好地衔接不同阶段的研究成果。

5G-PPP 项目计划为 2014－2020 年，包含三个阶段：

第一阶段（2014－2016年），基础研究以及愿景建立阶段，开展5G基础研究工作，提出5G需求愿景；

第二阶段（2016－2018年），系统优化和预标准化阶段，进行系统研发与优化，开展标准化前期研究；

第三阶段（2018－2020年），规模试验和初期标准化阶段，开展大规模试验验证，启动5G标准化工作。

近期5G-PPP的研究课题（2015年6月－2017年年底），主要开展5G关键技术和系统设计的研究，涉及无线网络架构与技术、网络融合、网络管理、网络虚拟化与软件定义网络等研究领域。

5G-PPP计划发展800个成员，包括ICT的各个领域，如无线/光通信、物联网、IT（虚拟化、SDN、云计算、大数据）、软件、安全、终端和智能卡等。

中国

中国于2013年2月，成立IMT-2020（5G）推进组，开展5G策略、需求、技术、频谱、标准、知识产权研究及国际合作，并取得了阶段性研究进展。先后发布《5G愿景与需求白皮书》、《5G概念》、《5G无线技术架构》和《5G网络技术架构》白皮书，其中的主要观点已在全球取得高度共识。

《5G愿景与需求白皮书》描述了5G总体的愿景（如图3-5所示），并从技术驱动力、市场趋势、业务场景、性能挑战和5G的关键能力上进行了阐述；指出5G需要支持0.1～1Gbps的用户体验速率，每平方公里一百万的连接数密度，毫秒级的端到端时延，每平方公里数十Tbps的流量密度，每小时500 km以上的移动性和数十Gbps的峰值速率；提出了六大关键性能指标，包括用户体验速率（真实网络环境下用户可获得的最低传输速率）、连接数密度、端到端时延、流量密度、移动性和用户峰值速率。

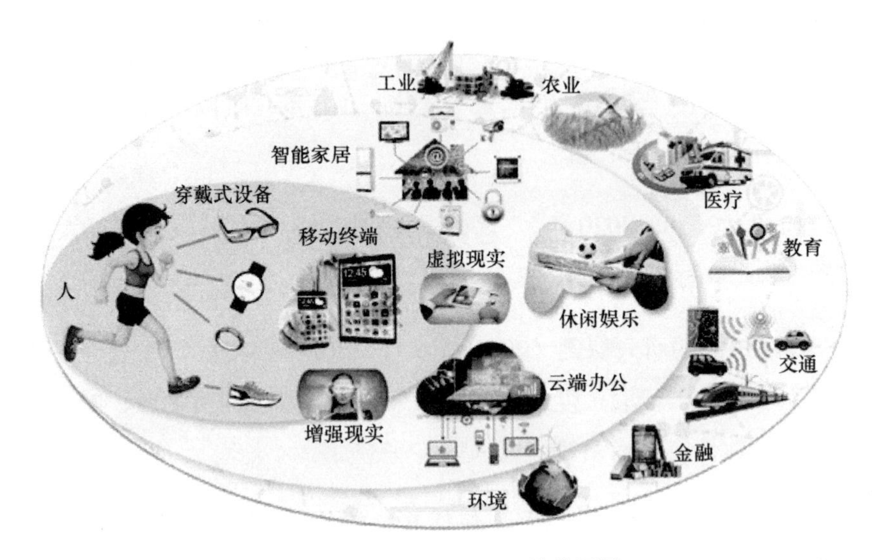

图 3-5　IMT-2020（5G）总体愿景

5G 将渗透到未来社会的各个领域，为用户提供光纤般的接入速率，“零”时延的使用体验，千亿设备的连接能力，超高流量密度、超高连接数密度和超高移动性等多场景的一致服务，业务及用户感知的智能优化，同时将为网络带来超百倍的能效提升和超百倍的比特成本降低，最终实现“信息随心至，万物触手及”的总体愿景。

该白皮书中给出了 8 个典型的 5G 场景，包括密集住宅区、办公室、体育场和露天集会等全球普遍认可的挑战性场景，并包含地铁、快速路和高速铁路等中国特色场景及广域覆盖场景。更为重要的是，该白皮书第一次明确阐述了 5G 的关键能力和指标。

- 5G 的关键能力和指标

在关键能力方面，为满足未来的多样化场景与业务需求，白皮书指出 5G

系统的能力指标包括用户体验速率、连接数密度、端到端时延、峰值速率、移动性等关键性能指标，如图 3-6 所示。

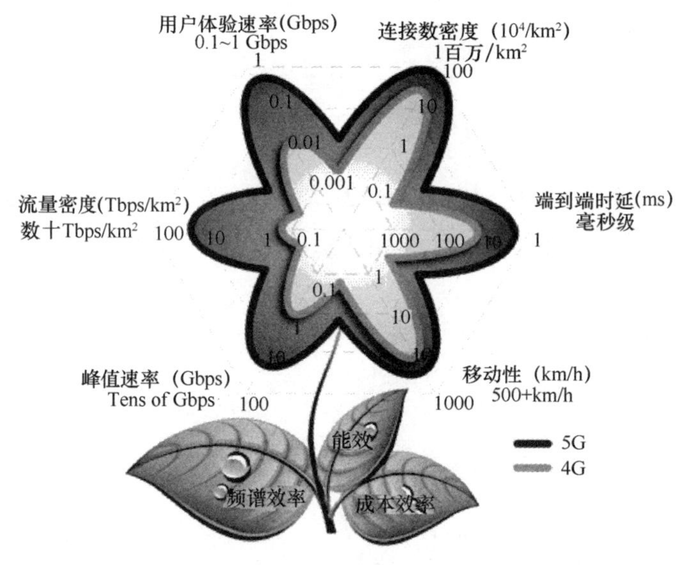

图 3-6 5G 关键技术指标

与 4G 相比，5G 在规模和场景、数据速率、时延、能耗成本上体现了巨大的差异，如图 3-7 所示。

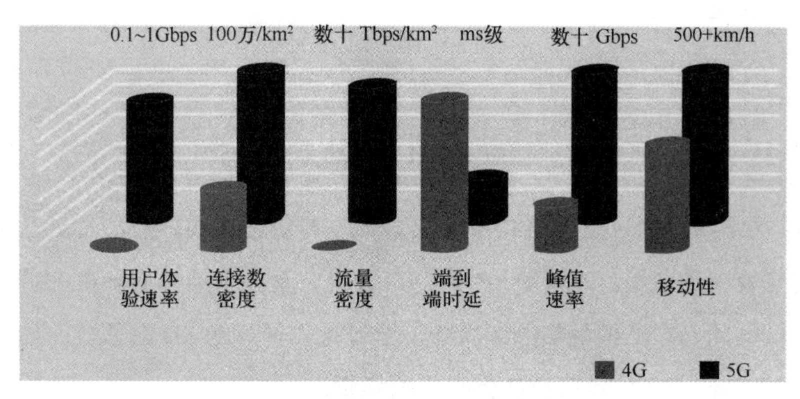

图 3-7 4G、5G 关键指标对比

✧ 规模和场景

➢ 十倍用户数密度增长；

➢ 百倍数据流量密度增长；

➢ 两倍移动速率增加。

具体：设备密集度能够达到600万个/平方公里；流量密度能够在20Tbps/平方公里以上；移动性达到500 km/h，实现高铁运行环境的良好用户体验。

✧ 速率

➢ 千倍单位面积容量增长；

➢ 百倍用户体验速率增长；

➢ 几十倍峰值传输速率增长。

具体：5G 的用户体验速率指标应当为 Gbps 量级，5G 的传输速率在 4G 的基础上提高 10～100 倍。

✧ 时延

➢ 十倍端到端延时降低。

具体：时延降低到4G的1/10或1 /5，达到毫秒级水平。

5G网络的端到端时延缩减为1 ms，以支持虚拟现实、自动驾驶、工业控制等时延敏感性应用。不同于传统的4G业务，这些新业务有严格的端到端时延要求，例如，在虚拟现实的环境中，通过操作杆移动3D对象时，如果响应时延超过 1 ms，会导致用户产生眩晕的感觉。

✧ 能耗和成本

➢ 百倍能效增加；

➢ 十倍谱效增加；

➢ 百倍成本效率增加。

- 5G 场景

《5G 概念》白皮书描述了移动互联网和物联网主要应用场景、业务需求及挑战，归纳出连续广域覆盖、热点高容量、低功耗大连接和低时延高可靠四个 5G 主要技术场景，如图 3-8 所示。

其中，连续广域覆盖场景面向大范围覆盖及移动环境下用户的基本业务需求；热点高容量场景主要面向热点区域的超高速率、超高流量密度的业务需求；低功耗大连接而向低成本、低功耗、海量连接的 M2M 业务需求；低时延高可靠场景主要满足车联网、工业控制等对时延和可靠性要求高的业务需求。

图 3-8 5G 主要技术场景

- 5G 核心技术

《5G 概念》白皮书，提出在核心技术方面，5G 不再以单一的多址技术作为主要技术特征，而是由一组关键技术来共同定义，即大规模天线阵列、超密集组网、全频谱接入、新型多址技术，以及新型网络架构将成为 5G 的最核心技术，如图 3-9 所示。

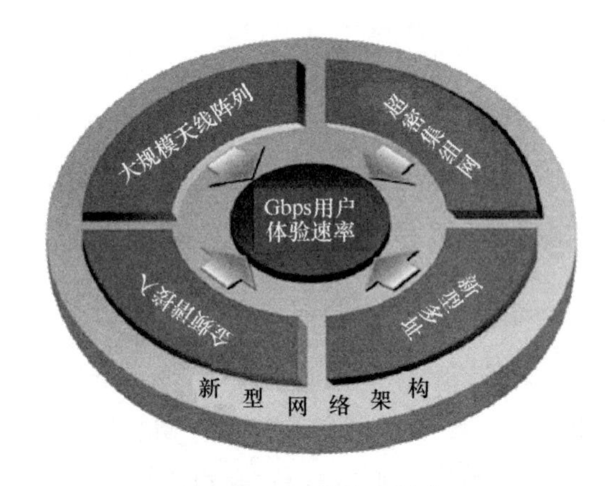

图 3-9　5G 的核心技术

其中，大规模天线阵列可以大幅提升系统频谱效率；超密集组网通过增加基站部署密度，可实现百倍量级的容量提升；新型多址技术通过发送信号的叠加传输来提升系统的接入能力，可有效支撑 5G 网络的千亿设备连接需求；全频谱接入技术通过有效利用各类频谱资源，有效缓解 5G 网络频谱资源的巨大需求；新型网络架构，采用 SDN、NFV 和云计算等技术实现更灵活、智能、高效和开放的 5G 新型网络。

- 5G 的空口技术

《5G 无线技术架构》白皮书提出了全新的空口，用于满足 5G 性能和效率指标要求，IMT-2020（5G）推进组认为：5G 将沿着 5G 新空口（含低频和高频）及4G演进两条技术路线发展，其中新空口是5G主要的演进方向，4G演进将是有效补充。

5G新空口将采用新型多址、大规模天线、新波形（FBMC、SCMA、PDMA、MUSA）、超密集组网和全频谱接入等核心技术，在帧结构、信令流程、双工方式上进行改进，形成面向连续广域覆盖、热点高容量、低时延、高可靠和低功耗大连接等场景的空口技术方案。

为实现对现有4G网络的兼容，该白皮书指出通过双连接（同时使用5G和4G演进空口）等方式共同为用户提供服务。

- 新网络架构

《5G网络技术架构》白皮书指出：5G网络架构需要满足不同部署场景的要求、具有增强的分布式移动性管理能力、保证稳定的用户体验速率和毫秒级的网络传输时延能力、支持动态灵活的连接和路由机制，以及具备更高的服务质量和可靠性。

5G网络架构将引入全新的网络技术，SDN和NFV由于在移动通信领域得到了越来越广泛的应用，将成为5G网络的重要特征。

SDN技术实现了控制功能和转发功能的分离，通过软件的方式可以使得网络的控制功能很容易地进行抽离和聚合，有利于通过网络控制平台从全局视角来感知和调度网络资源，实现网络连接的可编程。因为做到了软硬件解耦，所以SDN可以采用通用硬件来替代专有网络硬件板卡，结合云计算技术实现硬件资源按需分配和动态伸缩，以达到最优的资源利用率。

NFV通过组件化的网络功能模块实现控制功能的可重构，可以灵活地派生出丰富的网络功能；SDN是NFV的基础，SDN将网络功能模块化、组件化；从而网络功能将可以按需编排，运营商能根据不同的场景和业务特征要求，灵活组合功能模块，按需定制网络资源和业务逻辑，增强网络弹性和自适应性。

网络切片是 NFV 中最核心的内容，它利用虚拟化将网络物理基础设施资源虚拟化为多个相互独立平行的虚拟网络切片。一个网络切片可以视为一个实例化的 5G 网络，在每个网络切片内，运营商可以进一步对虚拟网络切片进行灵活的分割，按需创建子网络。

日本

日本无线工业及商贸联合会（Association of Radio Industries and Businesses，ARIB）在 2013 年 10 月设立了 5G 研究组“2020 and Beyond AdHoc”，由 NTT DoCoMo 牵头，其工作目标是研究 2020 年及未来移动通信系统概念、基本功能、5G 潜在关键技术、基本架构、业务应用和推动国际合作。

如图 3-10 所示，ARIB 分设服务与系统概念工作组和系统结构与无线接入技术组，前者负责研究 2020 年及以后移动通信系统中的服务与系统概念，如用户行为、需求、频谱、业务预测等；后者研究无线技术，比如无线接入技术、网络技术等。

ARIB 中讨论了三种可能的 5G 框架：

框架（一）：如图 3-11 所示，强调 5G 和 IMT-Advanced 的不同，相比 IMT-Advanced，5G 具有更高的吞吐，更大的容量，更广阔的覆盖。

框架（二）：如图 3-12 所示，以应用的需求角度，从不同的维度（吞吐量、时延、移动性）来阐述 5G 的形态：支持高清视频流（高速），虚拟现实（高速、低延迟），M2M 通信（低速传输、时延不敏感、低速移动性），自动驾驶（高速移动性、低延迟）。

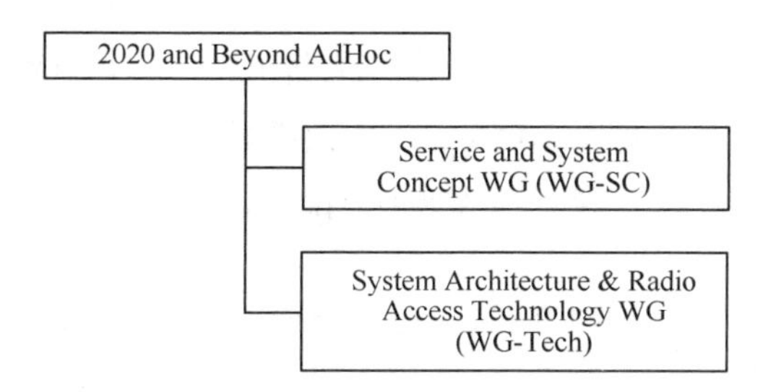

图 3-10　ARIB 工作组

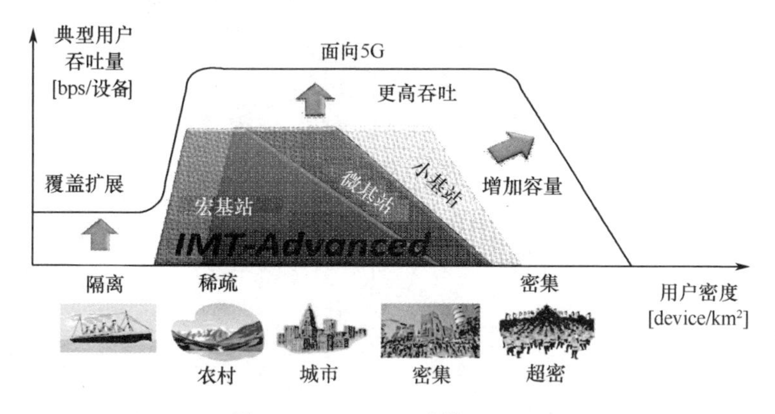

图 3-11　ARIB 5G 框架（一）

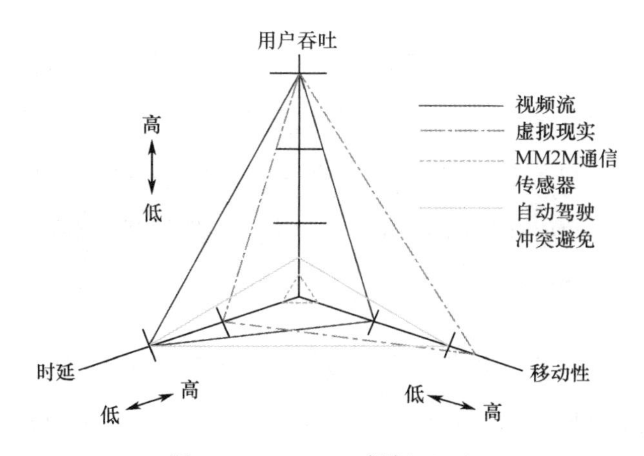

图 3-12　ARIB 5G 框架（二）

框架（三）：如图 3-13 所示，从系统的角度，对比 IMT-Advanced 来看 5G 的性能特征，即速率大于 10 Gbps，能效提升 N 倍，时延从 10 ms 降低到 1 ms，容量提升 1 000 倍，移动速率支持 500 km/h。

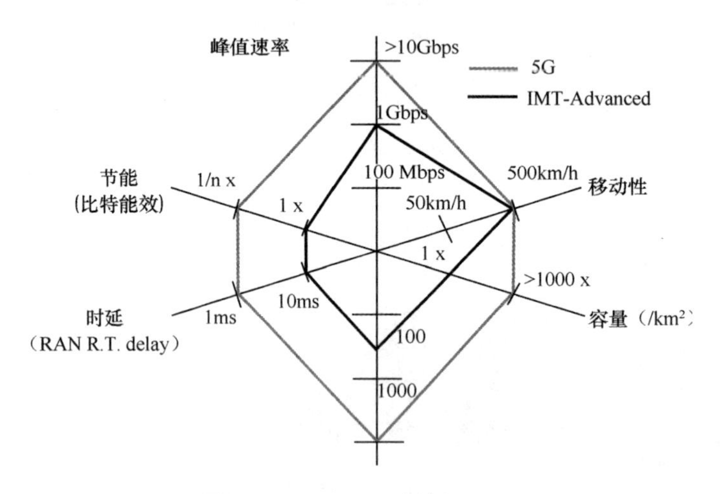

图 3-13　ARIB 5G 框架（三）

韩国

2013 年 6 月，韩国成立“5G Forum”开展 5G 研究及国际合作，如图 3-14 所示，成员包括十多家韩国主要设备制造商、运营商、高校和研究机构。“5GForum”研究 5G 概念及需求，培育新型工业基础，推动国内外移动服务生态系统建设。韩国政府计划在 2018 年平昌冬奥会期间开展 5G 预商用试验，并在 2020 年提供正式的 5G 商用服务。

2014 年 5 月，韩国三星演示了 5G 系统，其在 28 GHz 的带宽中实现 1 Gbps 的速率，并达到 2 km 的覆盖距离。而韩国 SK 电讯也计划在 2018 年韩国平昌冬奥会上推出第五代移动通信系统（5G），争取 2020 年在全球第一家商用 5G。

对韩国而言5G已经成为其实现世界通信强国梦的核心战略。

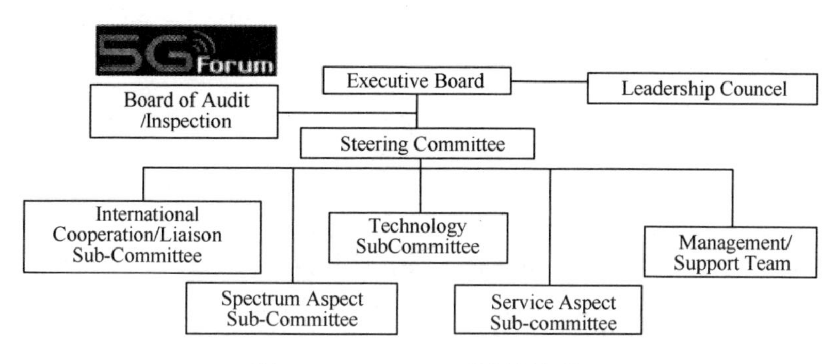

图3-14　5G Forum的组织架构

美国

不同于欧洲，亚洲和中国，作为全球创新的超级大国——美国尚未提出国家层面的5G研发计划或政策，但是美国在5G上的研究依然处于世界前列。

美国5G研究的主体，主要是学校，企业等科研机构。在阿尔卡特被诺基亚收购之后，通信的摇篮——美国的贝尔实验室已经成为美国和欧洲共同的5G研究机构。

作为学院派，美国大学在5G研究上发力较早，早在2012年7月，纽约大学理工学院成立了一个由政府和企业组成的联盟，向5G蜂窝网络时代迈进。斯坦福则在5G的关键技术：全双工通信、认知无线电、Wireless SDN（OpenRadio）、Massive MIMO和CoMP等技术研究方面走在世界前列。

美国高通公司，作为3G、4G核心技术的拥有者，在5G研究方面的布局也非常早，特别是在非授权频谱访问、D2D通信（终端设备直接通信）、WiFi和3GPP融合上拥有相当强的技术储备。

标准组织

ITU

与4G技术类似，5G最重要的标准化组织有两个：ITU和3GPP。其中ITU是联合国的机构，其下分为电信标准化部门（ITU-T）、无线电通信部门（ITU-R）和电信发展部门（ITU-D），每个部门下设多个研究组，每个研究组下设多个工作组。5G的相关标准化工作是在ITU-R WPSD下进行的。

ITU-R WPSD是专门研究和制定移动通信标准IMT（包括IMT-2000和IMT-Advanced）的组织。ITU-R WPSD下设3个常设工作组（总体工作组、频谱工作组、技术工作组）和1个特设组（工作计划特设组）。

根据ITU的工作流程（如图3-15所示），每一代移动通信技术国际标准的制定过程主要包括业务需求、频率规划和技术方案3个部分。

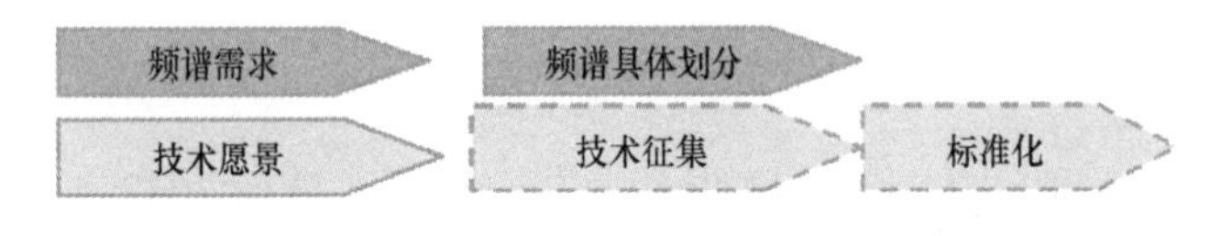

图3-15　ITU工作流程

据此ITU 2015年对外发布了IMT-2020工作计划，确定了5G的时间表，如图3-16所示，可以划分为3个阶段。

第一个阶段截至2015年年底，完成IMT-2020国际标准前期研究，重点是完成5G宏观描述，包括5G的愿景，5G的技术趋势和ITU的相关决议，并在2015年世界无线电大会上获得必要的频率资源。

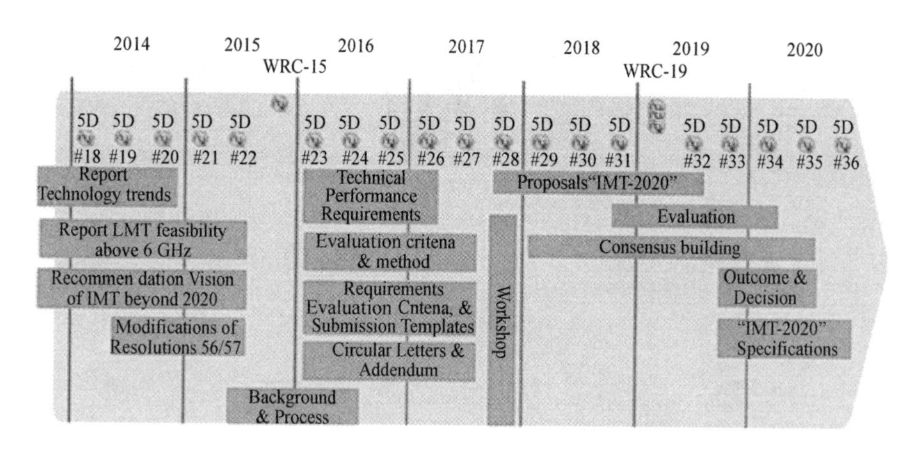

图 3-16　ITU-R 5G 时间表

第二个阶段是 2016 年至 2017 年年底，主要完成 5G 技术性能需求、评估方法研究等内容。

第三个阶段是收集 5G 的候选方案。从 2017 年年底开始，各个国家和国际组织就可以向 ITU 提交候选技术。ITU 将组织对收到的候选技术进行技术评估，组织技术讨论，并力争在世界范围内达成一致。

当前 ITU 5G 愿景已经成型，确定了 8 个 5G 关键能力，如图 3-17 所示，分别是峰值速率、用户体验速率、区域流量能力、网络能效、连接密度、时延、移动性、频谱效率。

此外，国际电信联盟（ITU）还明确了 5G 通信网络的定义，即未来 5G 网络的空口速率将达到 20 Gbps（信道的传输能力），5G 网络将能够在 1 平方公里的范围内为超过 100 万台物联网设备提供超过 100Mbps 的平均数据传输速度。

国际电联计划在 2018 年韩国平昌举行的冬季奥运会上演示 5G 技术。KT 将作为展示 5G 技术在游戏方面的官方赞助商。5G 网络国际频谱分配将在 2019 年开始。

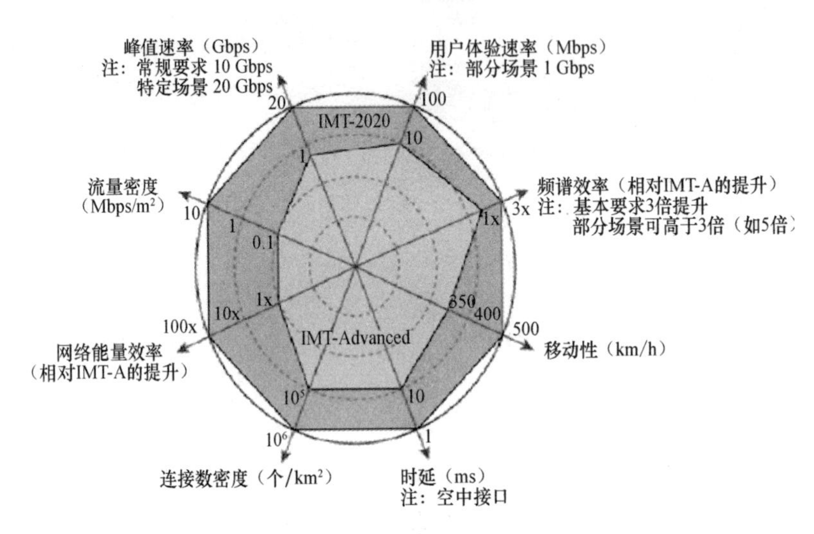

图 3-17　ITU-R 5G 关键能力

3GPP

3GPP 是一个产业联盟，其目标是根据 ITU 的相关需求，制定更加详细的技术规范与产业标准，规范产业的行为。

目前 3GPP 已启动 5G 议题讨论，2015 年 3 月，业务需求（SA1）工作组启动了未来新业务需求研究，无线接入网（RAN）工作组启动了 5G 工作计划讨论；2015 年年底，启动了 5G 接入网需求、信道模型等前期研究工作。

正式的 5G 标准研究项目（SI）预计将于 3GPP R14 阶段启动，5G 标准工作项目（WI）将于 R15 阶段启动，R16 阶段及以后将对 5G 标准进行完善增强。2015 年 9 月，3GPP 首个 5G Workshop 讨论了信道模型，预计 2016 年 3GPP R1

将被冻结，2019 年 6 月 5G 技术提交结束，2020 年 10 月详细的技术标准完成，如图 3-18 所示。

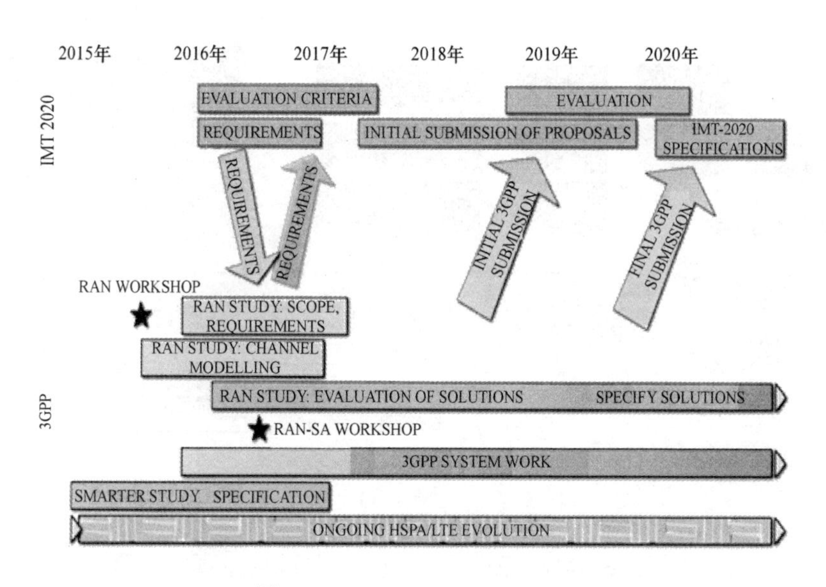

图 3-18　3GPP“5G”Timeline

NGMN

下一代移动通信网络联盟（NGMN），由全球八大移动通信运营商（中国移动、沃达丰、法国 Orang、日本 NTT DoCoMo、T-Mobile、荷兰 KPN、美国 Sprint、美国 Cingular）在 2006 年发起成立，其目标是要保证下一代移动网络基础设施、服务平台和终端的功能和性能符合运营商的要求，并最终满足消费者的需求和期望。

NGMN 体现的是全球运营商的诉求，于 2014 年 6 月着手 5G 通信技术研究，该组织对于 5G 场景、5G 需求、5G 架构和 5G 关键技术都有专门的小组讨论研究，研究成果以白皮书的形式定期对外发布，并且供 3GPP 等标准化组织参考。

2015 年 NGMN 发布《5G 白皮书》，从 5G 的愿景、需求、技术和架构，以及频谱等相关内容进行了阐述，如图 3-19 所示。

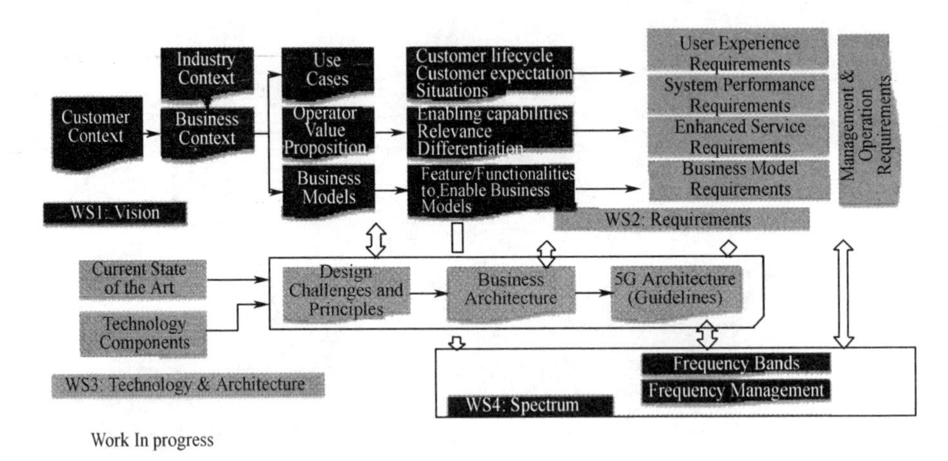

图 3-19　NGMN 5G 研究范围

如图 3-20 所示，NGMN 提出了 8 类 5G 关键场景：密集区域宽带接入、无处不在的宽带接入、高速移动、海量的物联网连接、实时通信、应急通信、超可靠通信、广播型服务。

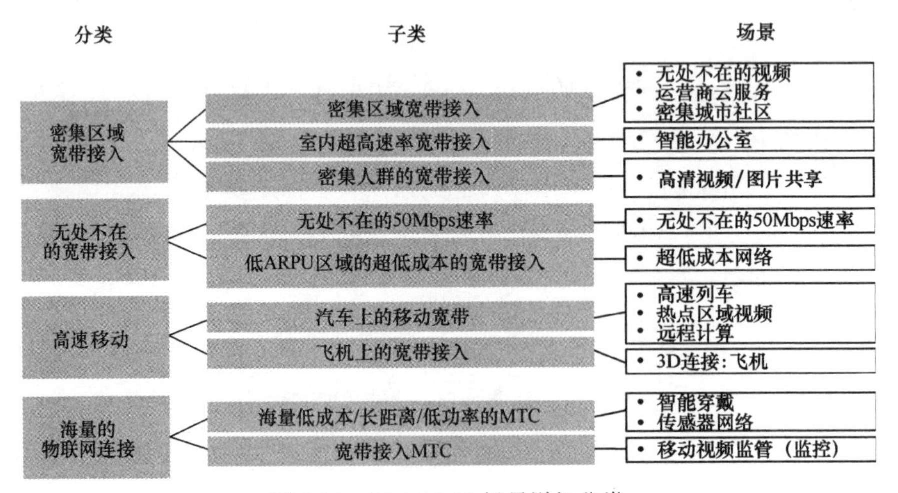

图 3-20　NGMN 5G 场景详细分类

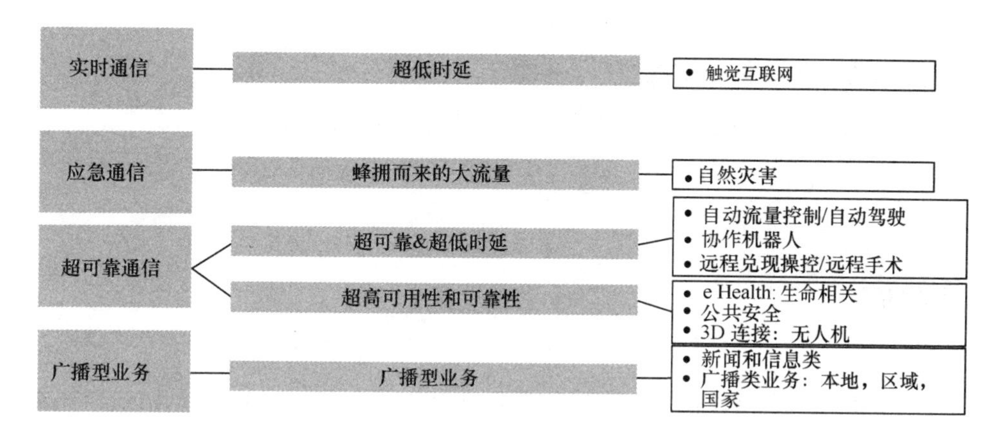

图 3-20　NGMN 5G 场景详细分类（续）

如图 3-21 所示，NGMN 还提出 5G 的核心技术地图，包括频谱、链路、容量、组网和自适应资源使用等维度。相关技术包括高频通信、全双工、Massive MIMO、多制式接入、小包传输、SDN、基站虚拟化和虚拟化核心网等。

R1－频谱接入	授权频谱的灵活使用	集成未授权频谱	高频通信	全双工			
无线连接	新波形	高级多接入技术	无线帧设计	Massive MiMo 和增强多天线技术	高级接收机	干扰协调	小包传输技术
无线接入容量	密集网络：小基站/超密网络	多连接-容量覆盖分离的系统设计	增强多 RAT协调	D2D通信	无线回传（比如：自回传和中继）		
N1-网络灵活性	软件定义网络	虚拟移动核心网	虚拟无线接入网	网络节点之间灵活划分功能	状态分离的核心节点	微服务器	
N2-有效适配的网络资源使用	流量优化	增强多运营商网络共享	灵活的服务架构	大数据和上下文感知	内容优化和灵活的数据流	智能异构管理	
N3-其他 enabler	海量连接技术	全光传输网络					

图 3-21　NGMN 5G 核心技术地图

根据 NGMN 欧洲 5G 通信需求组的构想，未来手机不仅仅接收来自基站本身的信号，甚至要接收处理来自用户自身和周边携带传感器设备的信号，比如可穿戴设备和汽车信号等。在这种构想下，手机的应用范围将会大大拓宽，不仅仅成为一个收集数据的接口，也是连接传输云端数据的纽带，同时还是最终处理结果的表达中心，这将大大强化终端在未来移动通信的定位。

设备商

各大设备商是5G技术的研究主力，尤其以华为和三星表现最为突出。其中三星主要在高频移动通信上取得了较大进展，并开展了相关高频蜂窝的实验测试；而华为布局则更为广泛，包括无线新空口、5G新网络架构、全双工、新波形等广泛领域，取得了诸多突破性的进展。

相比之下，老牌的通信厂商——爱立信和诺基亚则表现相对保守，对5G的未来持渐进地演进态度。

华为

- 华为眼中的5G

华为是如何看待5G的呢？如图3-22所示，华为认为4G实现了人与人的互联，实现了高清视频，以及简单的物联网、车联网业务；4G的增强技术，支持4K超高清视频、物联网和车联网等业务；而5G则是万物互联，支持全息视频、虚拟现实、自动驾驶、物联网、车联网、智能家居和穿戴式设备等。

华为定义的5G：通过一系列关键新技术可提供10 Gbps超大容量、端到端1 ms超低时延、1 000亿海量连接。

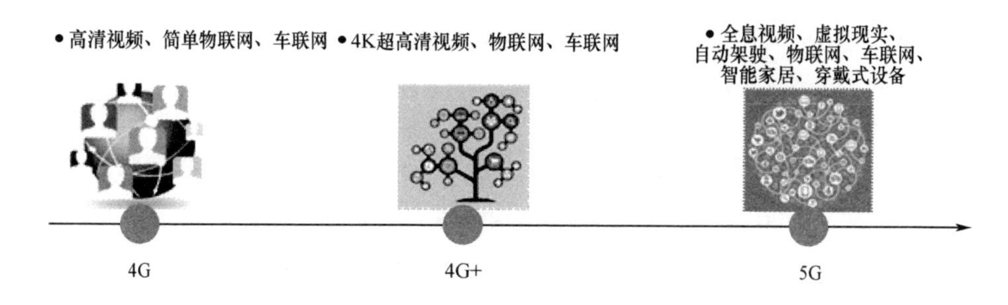

图 3-22　华为眼中的 5G

5G 将时延降低到 1 ms，可变带宽子载波支持连接数 1 000 亿以上，能应对未来 10 年 ICT 行业巨大变化，实现万物互联。

5G 的设计目标：提供更高容量、更多连接、更短时延。从表 3-1 可知，4G、4G 增强、5G 之间在容量、连接和时延上存在巨大的差异。

表 3-1　5G 需求对比

类别	4G	4G 增强	5G
容量	x Mbps	x Gbps	10 Gbps
连接	8 亿连接	300 亿连接	1 000 亿连接
时延	60 ms	10 ms	1 ms

- 华为 5G 的投入

2009 年华为开始研究 5G，投入 500 多名工程师，遍布全球 9 个研发中心，联合全球 20 多个顶级高校和科研机构进行研究；此外，还积参与 IMT-2020、5G-PPP、NGMN、韩国 5G Forum 和 IEEE 等 5G 国际组织，并在其中担任董事成员或联合创始人；同时，华为还与 9 大运营商签署 5G 备忘录，展开 5G 测试和联合研究。

在工业和学术界，华为 5G 布局广泛，创新和贡献有目共睹，也因此受到业界认可。2015年6月，在Informa主办的5G World Summit峰会上，华为获得5G首个大奖"5G最杰出贡献奖"。

华为计划到2018年投入6亿美元用于5G研究，在2018年底前将致力于5G标准化制定，2018年将率先与合作伙伴联合开通5G试商用网络，2019年推动产业链完善并完成互联互通测试，2020年正式商用5G，如图3-23所示。

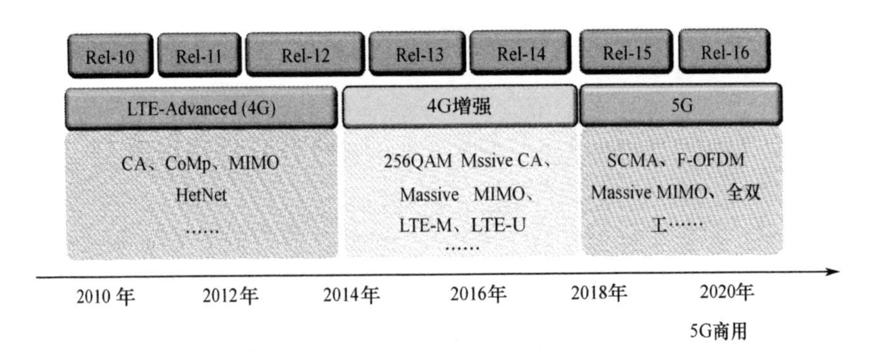

图3-23 华为预测3GPP 5G技术路线图

- 华为5G研究现状

华为认为，5G的需求与技术包括三个方面：

一是大容量、多连接和超高速的网络接入需求，这涉及新型空口技术和网络架构的研究；

二是多种异构网络融合的需求，这涉及网络部署的研究；

三是提高频谱效率的需求，这需要动态频谱使用与接入技术的支撑。

华为已经在5G新空口技术、组网架构、虚拟化接入技术和新射频技术等方面取得重大突破，例如：发布两款面向高频和低频的5G测试样机；发布5G新空口技术（SCMA、F-OFDM），在不增站点情况下，可提升3倍频谱效率；

联合日本运营商在成都开通世界第一个多用户 5G 技术验证外场，系统性地验证 5G 空口技术和网络架构，如图 3-24 所示。

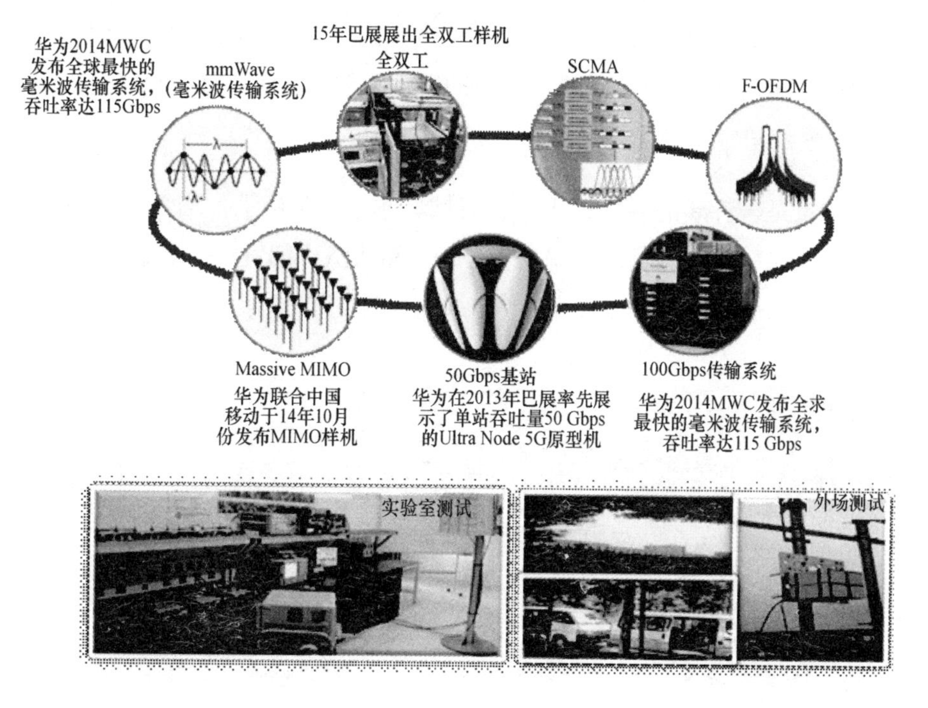

图 3-24 华为 5G 关键进展

✧ 华为新空口技术

如图 3-25 所示，华为 5G 新空口三个核心技术分别是：SCMA（稀疏码多址接入），F-OFDM（可变子载波的非正交接入基础波形），Polar Code（高性能纠错码）。这些新的空口技术在提升频谱效率的同时能更灵活的适配业务对空口传输的需求。

其中 SCMA 和 F-OFDM 基于 V-RAN（虚拟无线接入网）概念，打破传统的“用户接入蜂窝”的架构，真正实现了以“用户为中心”架构，有效降低信号衰落和干扰的影响。

华为基于软件虚拟化基站平台（C-RAN 平台）实现了超过 400 个小区的联合处理原型系统的开发和测试，实现抗多径大带宽的全双工传输技术研究和原型，测试结果表明可以节省将近 2 倍的频谱资源，为 5G 时代将 TDD 和 FDD 频谱统一使用奠定了基础。

SCMA 是一种新的多址技术，在时域、频域的基础上，增加码域的复用，提升频谱效率与系统容量，根据仿真发现，SCMA 相比 OFDM 能够提升 3 倍的频谱效率，如图 3-26 所示。

图 3-25　华为 5G 新空口核心技术

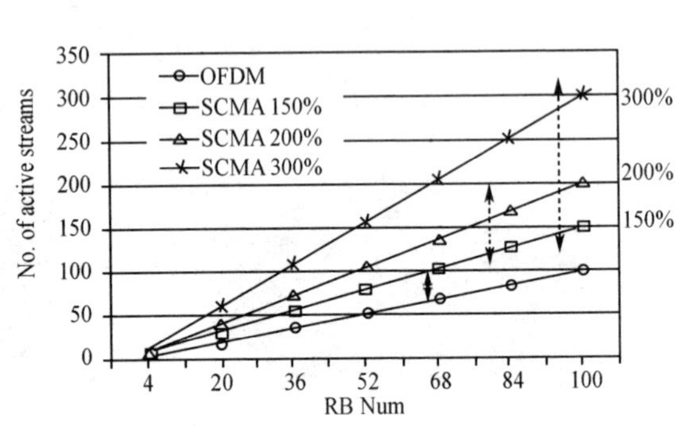

图 3-26　SCMA vs OFDM

仿真条件如表 3-2 所示。

表 3-2　SCMA vs OFDM 仿真条件

Mode	SCMA over OFDM
UE	Max 12 active UE, 1 Tx/UE
eNB	1 Tx, 2 Rx
System BW	20 MHz
Link	TDD-UL, PUSCH

如果把无线空口看成高速公路，SCMA 技术通过给公路上的货物增加编码的方式，使每辆车承载的用户数增加了，等货物到达时，用户（终端）可根据分配给自己的编码来领取货物。

F-OFDM 是空口的新波形，支持不同波形、多址技术、TTI 的接入，通过 F-OFDM，可以实现基于不同属性的业务灵活分配时频资源，是实现自适应空口的基础。

F-OFDM 技术，使空口波形可动态调整，即高速公路是可变的，如果用户需承载的货物体积很大，就用更大的车来运输，高速公路可根据车的宽度和高度对自身进行相应的调整，以达到最大的车辆通行效率。

Polar Code 则保证了货物在运输途中道路的安全性和可靠性，使每一车的货物都能顺利到达，减少了误码率。

简单来说，传统的 4G 空口，其高速公路上要求车辆的宽和高都一样，而每辆车上只能运载 4 个用户的货物，并且偶尔公路上还会出现点小事故，致使货物丢失，需要再重新发货。而 5G 空口高速公路上跑的车在长和高上可以千差万别，每辆车上最多可以承载 6 个用户的货物，并且事故发生率非常低，每件货物都能快速及时的运到用户手中。

✧ 网络架构

华为认为 5G 是一种全新的网络架构，在无线侧不可能通过升级就能将现有 4G 直接变成 5G；如图 3-27 所示，5G 将是一种全频谱接入的异构网络，支持海量终端连接，宏蜂窝速率达到 50 Gbps，微蜂窝支持 100 Gbps，核心网的处理能力达到 100 Tbps，E-Band 接入支持 80 Gbps。

✧ 频谱资源

华为认为 5G 将以 6 GHz 以下的低频段为主，高频段（>6 GHz）将作为补充，用于热点和室内覆盖。目前，华为发布了两款 5G 样机：分别支持 6 GHz 高频（高于 6 GHz 的扩展频段）和 6 GHz 低频（6 GHz 以下的核心接入频段）。其中高频可用于接入和回传，通过高低频混合组网获得最佳频谱利用。

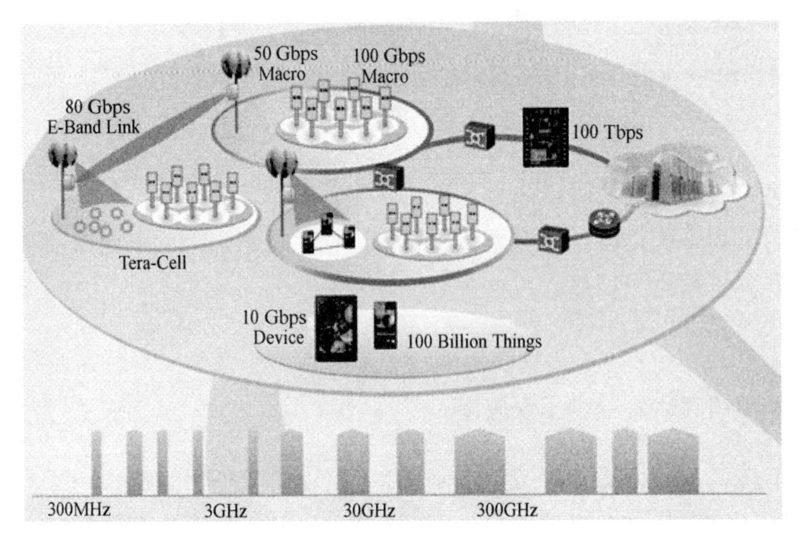

图 3-27　5G 全频谱的接入网络

华为 6 GHz 高频段的样机，可以达到 115 Gbps 的速率；6 GHz 低频段，实现了峰值速率突破 10 Gbps，该样机是第一个能够在低频段实现如此高速率的产品，受到业界高度关注。

华为认为每个运营商在 6 GHz 以下的基本频谱需求为 100 MHz，每个国家需要有 300～500 MHz 可分配频谱资源供 5G 使用。

三星

三星认为 5G 需要支持多种业务，包括无处不在的医疗保健、超高清视频、可穿戴/柔韧的移动设备、移动云系统、智能地图/导航、实时交互游戏等，如图 3-28 所示。

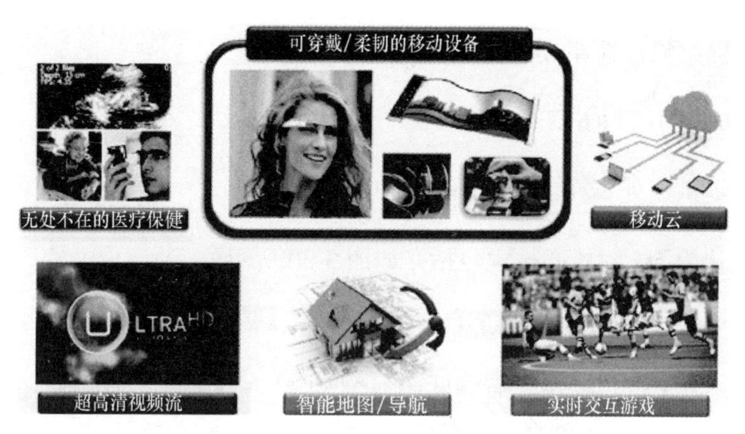

图 3-28　三星的 5G 应用场景

5G 系统如何去衡量，三星认为需要具备如下几个尺度（如图 3-29）：

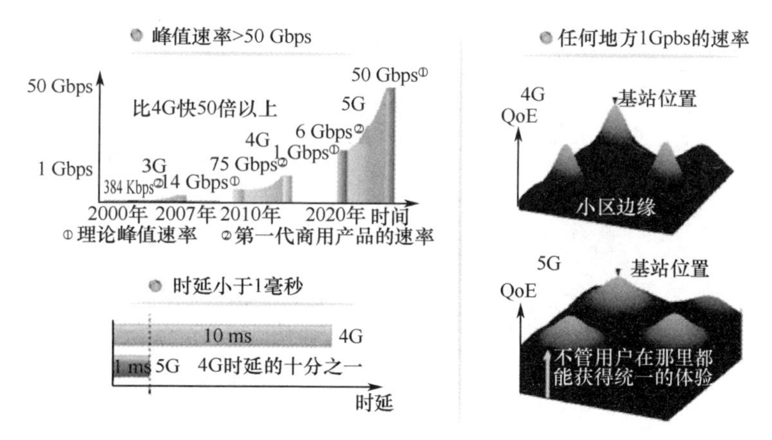

图 3-29　三星的 5G 指标

一是低时延；

二是海量数据连接；

三是节能；

四是公平的用户 QoE 体验；

五是网络峰值速率要大于 50 Gpbs；

六是时延小于 1 ms；

七是提供无处不在的 1 Gpbs 速率体验。

三星认为 5G 的核心技术包括（如图 3-30 所示）：

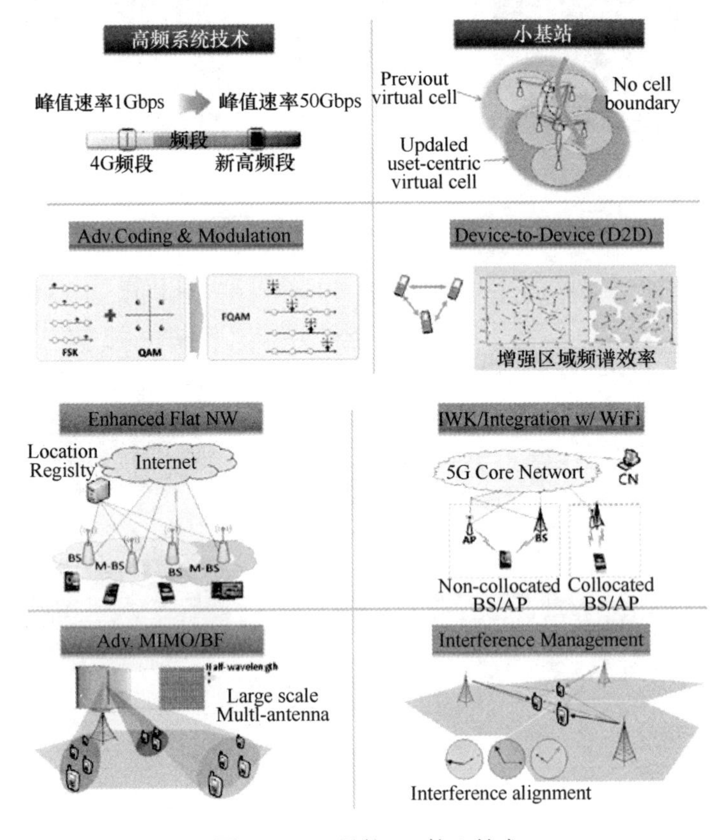

图 3-30　三星的 5G 核心技术

一是 mmWave（毫米波）；

二是 Small Cell（小站）；

三是编解码；

四是 D2D；

五是扁平的网络架构；

六是 MIMO/Beamforming；

七是干扰管理；

八是多接入方式。

其中通过使用 mmWave 有望将当前 LTE 1 Gbps 的峰值提升到 50 Gbps；采用 Small Cell 技术，将原有的虚拟小区升级为以用户为中心的虚拟小区，消除小区边界；采用 D2D 技术可以增强特定场景的频谱效率。

目前，对于高频而言，已经有六个频段提出用于 5G 技术（如图 3-31 所示），包括 27～ 29.5 GHz，31.8～33.4 GHz，37～42.5 GHz，45.5～50.2 GHz，50.4～52.6 GHz 和 64～74 GHz。

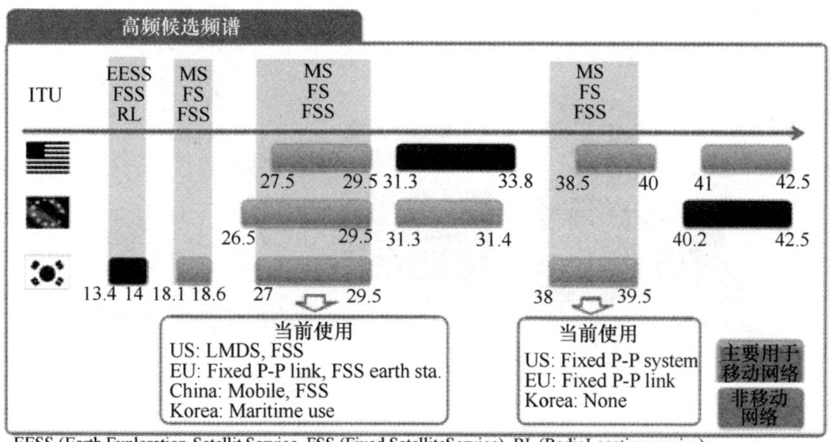

图 3-31　三星的 5G 频谱规划

2013 年 5 月，三星推出了世界上第一个室外毫米波移动蜂窝通信系统：采用 28 GHz 波段，用 64 个天线单元的自适应阵列传输技术，在 2 公里的距离范围内，取得速率 1 Gbps（4G LTE 仅为 75 Mbps）的速率，如图 3-32～图 3-35 所示。

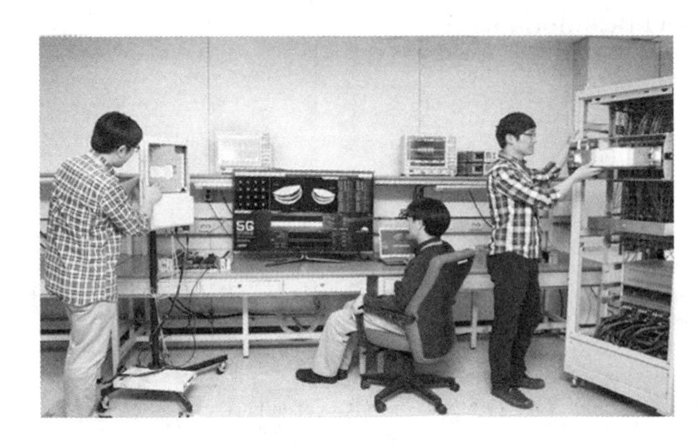

图 3-32　三星 5G 实验室

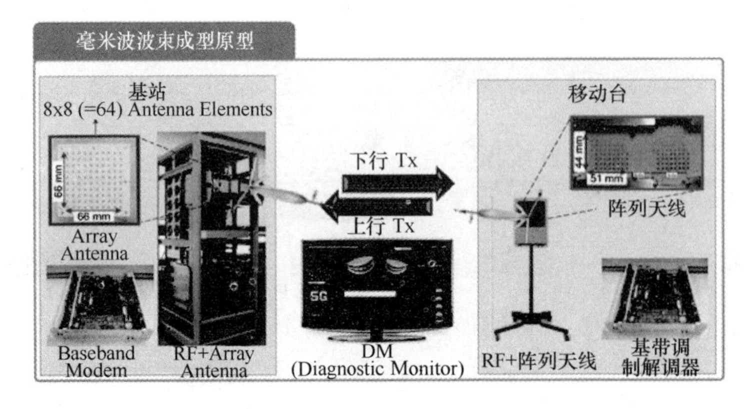

图 3-33　三星 5G 原型

2014 年，三星最新的 5G 实验网络的结果：静止状态下，网速可高达 7.5Gbps 的超高速率（940MBps）；移动状态下，时速超过 100 公里的汽车上，传输速度能够保证维持稳定在 1.2Gbps（150MBps）的高速度，如图 3-36 所示。

参数	值
载频	27.925 GHz
带宽/双工	500MHz/TDD
阵列天线大小	8x8 (64 elements) 8x4 (32 elements)
半功率波束宽度	10°
信道编码	LDPC
调制	QPSK/16QAM

图 3-34　三星 5G 原型详细参数

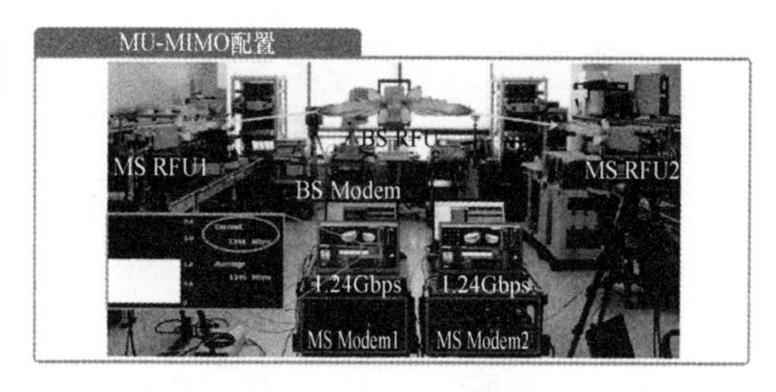

图 3-35　三星 5G MU-MIMO 演示

图 3-36　三星 5G 移动环境测试

对于未来 5G 的网络架构，如图 3-37 所示，三星认为扁平的网络架构（减少端到端时延）、多 RAT 接入（增强无线网络能力）和移动 CDN（提升能效）可以用来增加用户体验和减少成本。

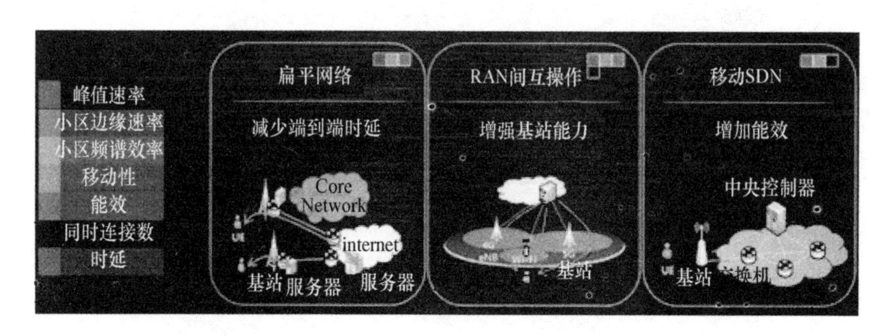

图 3-37　三星的 5G 网络技术

诺基亚

2011 年，诺基亚西门子公司发布《面向 2020 年的后 4G 无线技术演进》白皮书，该白皮书提到的 5G 需求可以用“1-1-10-100-100-10 000”来描述（如图 3-38 所示）：1 ms 网络时延；1 Tbit 网络容量/平方公里；最小 10 Gpbs 的峰值速率；随时随地可满足至少 100 Mbps 的业务体验速率；100 倍设备接入；满足未来十年 10 000 倍流量增长。

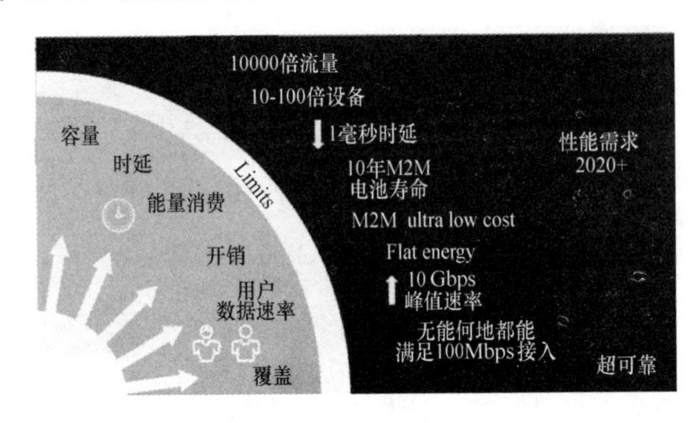

图 3-38 5G 关键需求

诺基亚还从吞吐量、时延（可靠性）、功耗（成本）等维度描述了 5G 的业务场景，如图 3-39 所示，包括智慧城市（视频监控）、语音、传感网、自动驾

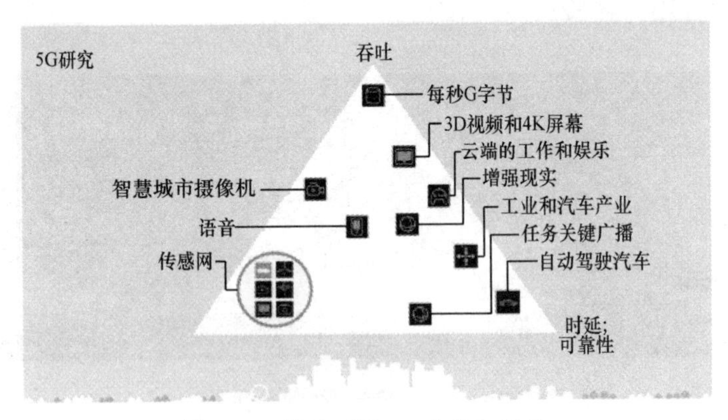

图 3-39 诺基亚的 5G 业务与场景

驶、工业&汽车自动化、关键广播业务、虚拟现实、云端的工作与娱乐、3D 视频（4K 视频）、Gbit 业务等。

诺基亚还提出一种可编程的 5G 网络架构，如图 3-40 所示。

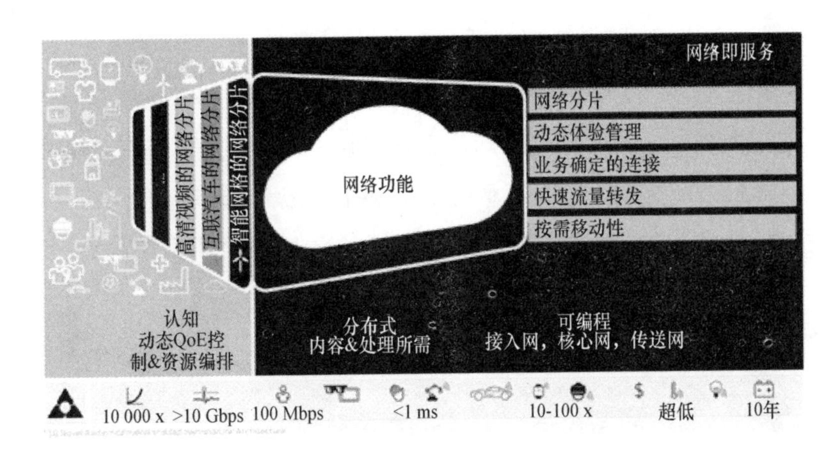

图 3-40　可编程 5G 多业务架构

网络切片：在同一基础架构中创建多个独立的专属虚拟子网络，满足不同服务的需求——时延、可靠性、吞吐量、移动性。

动态体验管理（DEM）：针对不同应用设计的“客户体验”功能，可在高网络负载环境中提供优质的客户体验，同时节约 30%的网络资源。

按需连接：设备和服务将不再局限于单一的点对点的 IP 连接，而是根据实际需求，自由选择连接路径，实现服务定义型连接，网络可确保各种应用所需的时延和可靠性。

快速流量转发：Nokia AirFrame 的分布式电信云结构，将支持对时延和可靠性要求高的汽车和工业等行业中的应用。

按需移动性管理：一般情况下，仅 30%的用户在移动状态中，70%不需要移动网络支持，通过按需提供移动功能，5G 提供更高效的网络资源利用率。

此外，诺基亚通信还在虚拟核心网元中开放 API，这样可以调整核心网的行为，使得核心网可适应动态变化的需求，如立即或按需创建新网络切片或移动性管理配置。

诺基亚认为 5G 的关键技术包括：Small Cell 密集网络，大规模天线，分布式网络，多种接入方式的异构协同，干扰协调，频谱共享，网络智能化 SON 技术等。作为诺基亚的一部分，阿尔卡特朗讯积极倡导统一的 5G 空口技术 UF-OFDM，并在业内首先实现该 5G 候选波形的原型验证。

爱立信

- 爱立信眼中的 5G

作为移动通信顶尖设备商，爱立信在 5G 方面的研究一直处于世界前沿。爱立信认为 5G 不仅仅是技术的革命，更是思维方式的演进，5G 势必囊括未来整个通信生态系统，包括从终端设备到无线接入网、核心网和云。

爱立信认为并不存在适用于各种场景的 5G 通用方案，5G 技术必须结合应用场景。比如要满足高速率的要求，可能应用高频段技术；要满足物联网的通信需求，则需要将传感器等设备连接到网络中。

爱立信眼中的 5G 是万物互联的社会，如图 3-41 所示，5G 将实现数十亿设备的联网，围绕人类的生产，生活，提供节能和低成本的解决方案，整个社会从无处不在的无线移动连接中获益，从而创造更多的移动互联网接入服务。

关于 5G 的场景，如图 3-42 所示，爱立信列举了超密组网、车辆通信、大规模机器通信、高可靠通信、D2D 和多跳通信等。爱立信认为：接近于零时延的功能可实现在危险环境中机械装置的远程操作，也可实现汽车的无人驾驶；

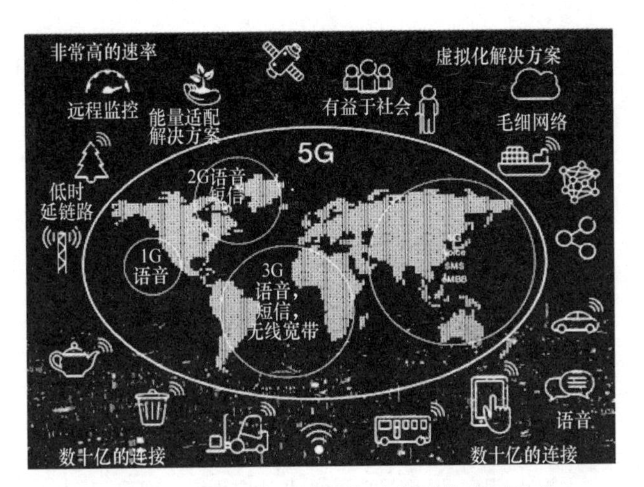

图 3-41　未来 5G 移动通信时代的物联网世界

数十亿具有视频功能的设备将改变我们的消费行为方式，而且每台设备都需要高质量的连接；这些数以亿计的连接设备也将对新的网络类型提出全新要求。

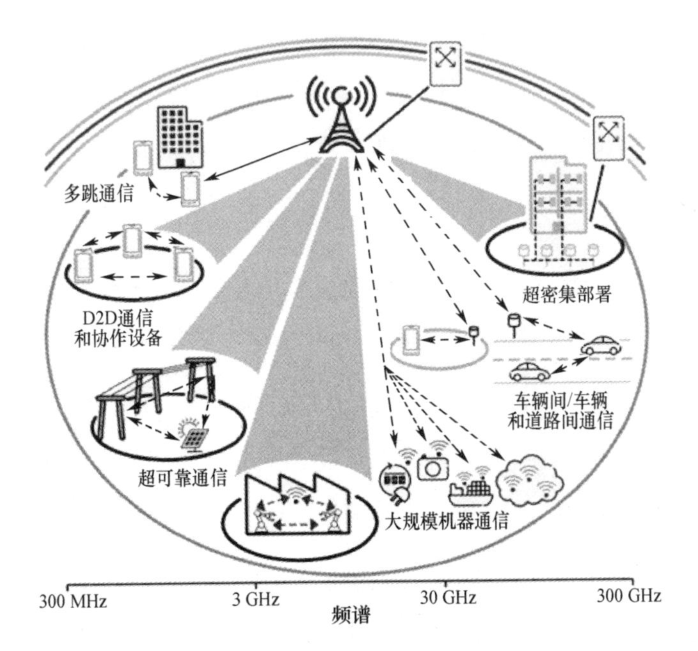

图 3-42　爱立信的 5G 的场景

爱立信技术专家则认为，实现5G的道路并非只有技术革新一条，持续演进作为一种经济有效的方案，也是实现5G的不错选择，5G最终将会是一系列技术的组合，去解决各种用户场景和用户需求，如图3-43所示。

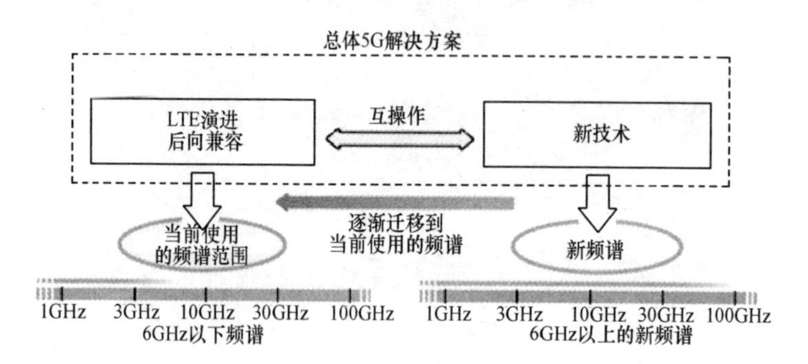

图3-43 爱立信的5G技术方案

与此同时，LTE将继续发展，因此5G将向后兼容，在6 GHz以下频段，将依然是5G的主流，提供无处不在的广域网连接，并实现高速传输。10 GHz以上频段将会是补充，主要提供高速密集部署的场景。

- 5G的关键技术

5G的关键技术包括（如图3-44所示）：先进的多天线传输，用户和控制分离，灵活的频谱利用率，D2D通信，回程/接入的集成和多跳技术等。

爱立信认为5G包括两个方面（如图3-45所示），首先是使用传统低频段，考虑和LTE实现兼容，提供高性能和广覆盖；其次是5G（mmWave）高频段，采用低复杂度的设计，实现高速的短距传输。

5G兼容LTE时，需要考虑：频谱的灵活使用（包括使用Unlicense频谱，授权频谱访问和不成对的频谱分配），低时延（减少传输时间间隔）等技术。

图 3-44　爱立信的 5G 频段

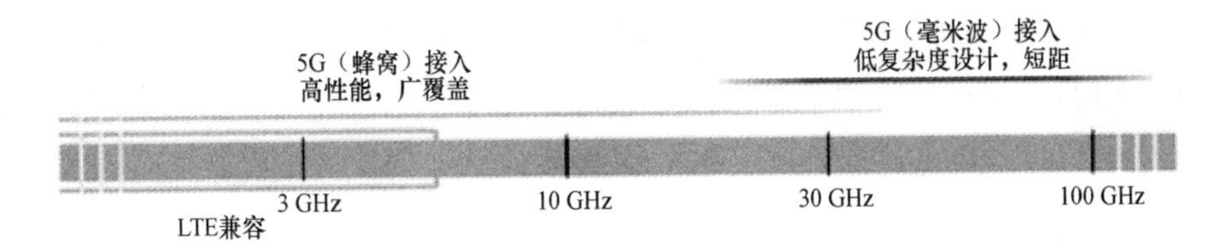

图 3-45　爱立信的 5G 频段

目前，爱立信在分布式多点连接技术，网络切片技术上取得了重大进展。

✧　分布式多输入多输出多点连接技术

爱立信提出了称为“NX”的 5G 无线接口，作为 NX 的重要技术之一，爱立信披露了分布式多输入多输出多点连接技术（Multipoint Connectivity with Distributed MIMO），该技术实现了 5G 移动设备与 5G 无线站点之间，同一时间通过同一频带传输多个 MIMO 串流，打破了传统 LTE 技术中，终端同一时间只能接收单个基站发射的数据。

多点连接确保了在不同蜂窝之间移动时，终端仍能与 5G 网络保持高质量连接，而分布式多输入多输出 (MIMO) 的技术将下行链路吞吐量增加一倍。爱立信的将多点连接与分布式 MIMO 相结合，形成分布式多输入多输出多点连接技术。

分布式多输入多输出多点连接技术在控制移动设备与网络交互作用的过程中涉及非常复杂的信号传输方法，超出了 LTE 标准，将逐步演进成为未来 5G 网络的组成部分。

✧ 网络切片技术

爱立信和韩国 SK 电讯，最近成功演示了虚拟网络切片技术，该技术为增强现实、虚拟现实、大规模物联网，以及企业解决方案等业务优化而设计。

网络切片技术，通过将单一物理网络划分成多个虚拟网络，从而为不同用户群使用的不同业务提供最佳支持。该技术利用逻辑资源而非物理资源，使运营商能够以软件即服务（Software-as-a-Service，SaaS）的方式提供网络，从而加快新业务上市时间，提高运行效率。

网络切片基于 NFV 的虚拟 EPC（虚拟演进分组核心网）进行资源实例化，称为以 IT 为基础的 5G 核心网架构的关键技术。目前网络切片技术正受到包括全球运营商、设备供应商和标准组织（如 3GPP 和 ITU）的高度关注。

✧ 节能技术

爱立信的 5 G 节能设计原则: 只在必要的时候才进行主动传输。这将最大限度地节省能耗。因此，可伸缩、易管理、灵活的网络设计将是 5G 节能的基础。

相应的关键技术包括：超瘦的设计，先进的波束成型技术、控制和承载分离的无线网络架构，以及虚拟化的网络功能和云技术。

此外，5G 还可以通过最大化设备休眠周期和最小化电池使用的智能通信方式，随时调整性能水平，在用户体验和节能上取得平衡。

✧ 爱立信5G研究现状

目前爱立信已经进行了多项 5G 测试和实验，爱立信的 5G 测试网（包括 5G 移动设备和 5G 无线基站）位于斯德哥尔摩的爱立信总部和位于普莱诺的爱立信美国公司总部运行。目前在实验室，爱立信在 15GHz 频谱上获得了 5Gbps 的峰值速度，目前正在开展移动设备与无线接入网络在室内外的交互。

✧ 相控阵天线

爱立信与 IBM 正在合作研究 5G 相控阵天线（Phased-array Antenna），通过利用相控阵天线技术，在同一频段上提供更多的新增服务，同时提供超过现在多个数量级的数据传输速率。

该相控阵设计提供了更多可进行电子控制的定向天线，而且重量轻、灵活性高，远胜现有的机械天线，该技术可以把 100 个无线接收器高度集成在一张信用卡大小的芯片上，将应用到室内及人口密集城区的高容量小蜂窝网络。

✧ 全球合作

目前，爱立信目前与全球运营商在 5G 研究上展开了大量合作，如爱立信与土耳其运营商 Turkcell 合作评估 5G 潜在关键技术组件的性能和适用范围，以及与 5G 潜在研究项目有关的业务；爱立信携手软银，在东京启动 5G 技术联合外场测试，评估联合外场测试中潜在的 5G 关键技术组件的性能，并就 5G 研究项目展开合作；爱立信携手中国移动部署的基于云端的 WiFi 通话解决方案，该解决方案通过云端部署的 vIMS 可以帮助运营商节省部署成本。

在 2015 年巴展上，如图 3-46 所示，爱立信研究院与沃尔沃建筑设备公司（Volvo CE）携手展示了通过 5G 移动网络实时远程控制两台挖掘机的 Demo，该系统完美地呈现了 5G 网络的低时延、高可靠的需求。

图 3-46　爱立信的 5G 远程控制技术

中兴

- 中兴眼中的 5G

中兴认为：5G 专注面向用户体验的提升，将为“人”在感知、获取、参与和控制信息的能力上带来革命性的影响。5G 的服务对象将由公众用户向行业用户拓展，5G 网络将吸收蜂窝网和局域网的优秀特性，形成一个更智能、更友好、更广泛用途的网络。

5G 将关注网络的云化和智能化、业务和网络的深度融合、网络能力开放等方面。

未来 5G 网络需要支持高清音视频，海量设备连接；未来的 5G 业务将不仅仅由网络直接提供，也会由云端提供。因此，5G 网络需要面向云计算进行构建，适配多种复杂业务，构建融合的网络架构，这样才能极大提高用户的体验，降低网络建设和运营成本。

5G 网络还需要通过开放自身的接口，使第三方开发者使用网络 API 开发更多新应用，为用户提供更多的业务。

- 5G 的关键技术

5G 网络需要支持超大数据流量，需要在无线链路、频谱使用和组网三个维度开展研究，如图 3-47 所示。

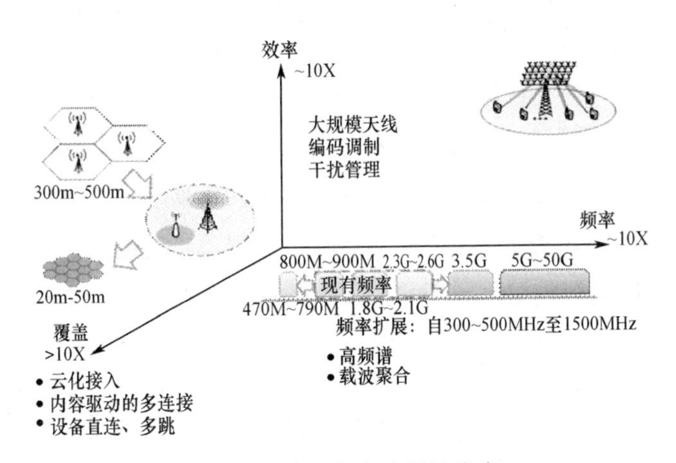

图 3-47 实现超大流量的维度

目前，中兴已经在 5G 核心技术上广泛布局，取得了相关成果。中兴认为 5G 核心技术包含以下几个方面。

✧ 新多址接入方式（MUSA）

在 5G 新的多址接入方式方面，中兴通过多用户共享接入技术（Multi-User Shared Access，MUSA）可使网络容量得到明显提升。MUSA 上行接入创新设计的复数域多元码，以及基于串行干扰消除（SIC）的先进多用户检测，让系统在相同时频资源上支持数倍用户数量的高可靠接入，MUSA 用户之间不需要同步，可以简化接入流程中的资源调度过程，大大缩短接入时间，有利于延长终端电池寿命，上行 MUSA 比较适合大规模机器通信即 MTC 场景的应用。MUSA 下行则通过创新的增强叠加编码及叠加符号扩展技术，提供比主流正交多址更高容量的下行传输，而且同样能大大简化终端的实现，降低终端能耗。

✧ 新编码调制与链路自适应技术

中兴提出了软链路自适应（Soft Link Adaptation，SLA）、物理层包编码（Physical Layer Packet Coding，PLPC）、吉比特超高速译码器技术（Gbps High Speed Decoder，GHD）等。

软链路自适应技术提高了信道预测和反馈方法的准确性，解决了开环链路自适应 OLLA 周期较长、干扰突发对性能的影响，以及 5G 各种新场景对 QoS 的差异化需求（低延迟，或超可靠，或高吞吐量，或高速移动）等问题。物理层包编码技术可以有效地解决大数据包与小编码块之间的矛盾。吉比特超高速译码器技术可以显著地提高单用户的速度，满足 5G 需要支持超高速用户数据速率的要求。

这些新的编码调制与链路自适应技术可以显著地提高系统容量、减少传输延迟、提高传输可靠性、增加用户的接入数目。

✧ 多天线技术（Massive MIMO）

大规模天线阵列技术，可以显著提升无线网络容量。其基本特征为：通过在基站侧配置数量众多的天线阵列（从几十至几千），获得比传统天线阵列（传统天线阵列数不超过 8 个）更为精确的波束控制能力，然后通过空间复用技术，在相同的时频资源上，同时服务更多用户以提升无线通信系统的频谱效率。大规模天线阵列可很好地抑制干扰，带来巨大的小区内及小区间的干扰抑制增益，使得整个无线通信系统的容量和覆盖范围得到进一步提高。

✧ 高频通信

30～300GHz 有大量的可用频谱，对于提升 5G 传输速率具有重大意义。毫米波频段尽管传输损耗大，但是由于波长短，在单位面积上的发送机和接收机可以配置更多的天线，获得更大的波束成形增益，以补偿额外的路径损耗。

✧ 无线回传（Self-backhaul）

Self-backhaul 使用与接入链路相同的无线传输技术和频率资源，很好地解决了有线 Backhaul 在密集部署成本高的问题，同时解决了微波 Backhaul 需要额外频谱资源，以及信道质量与容量受遮挡影响的问题。

✧ 小区虚拟化（Virtual Cell）

小区虚拟化是解决边界效应的关键，它使得每个接入网络的用户拥有一个与用户相关的“虚拟小区”，尽管该虚拟小区由物理小区组成，并彼此协作共同服务于用户，但是用户移动过相对虚拟小区，并没有切换发生，虚拟小区实现了从“用户找网络”到“网络追用户”的理念，无论用户在什么位置都可以获得稳定的数据通信服务，达到一致的用户体验。

✧ 超宽带基站（UBR）

超宽带基站（Ultra-Broadband Radio，UBR）技术支持多个频段，它突破了一个射频通道仅支持一个频段的限制，实现了双频段或多频段同时工作。其核心技术包括超宽带收发信机技术、超宽带功放技术、超宽带 DPD 技术和协同双工技术等。

✧ 胖基站（Fat NodeB）

胖基站，是一种网络扁平化技术，它集成了部分核心网控制面功能和核心网的网关功能，终端的流量经过胖基站后就可以直接进入 PDN 网络，无需回传到远端核心网网关，能显著缩短终端接入信令过程，降低传输成本。

由于胖基站很方便地实现了内容本地化，便于部署 CDN 等技术，让终端就近获取内容，可以大大降低传输时延，提升用户体验。

✧ NFV/SDN 技术

网络功能虚拟化（Network FunctionVirtualization，NFV），实现了软硬件解耦，采用虚拟化技术，将网络功能分片和组件化，通过对业务组件的灵活调用，可以实现更多创新的业务体验；此外 NFV 还实现电信网络硬件资源的共享，提升硬件资源的利用率，降低了硬件采购的成本，可以更方便地实现第三方业务创新。

SDN（Software Defined Network）技术，通过将路由设备的控制和转发相分离，把网络中大量繁杂的路由配置工作，转化成通过控制器集中式配置并下发到转发面执行的方式，极大简化了网络路由的维护工作。

✧ D2D

设备到设备通信（Device-to-Device, D2D），具有潜在地提高系统性能、提升用户体验和扩展蜂窝通信应用的前景，可以应用到诸多领域：

一是网络流量 Offload：通过邻近用户之间的 D2D 通信，可以节省蜂窝网的空口资源、降低核心网传输压力；

二是改善覆盖和应急通信：当覆盖出现盲区或因灾害网络损坏时，用户设备通过 D2D 与位于覆盖区域内的用户设备建立连接，从而以 D2D 中继的形式建立与网络的连接。

- 中兴5G研究现状

目前，中兴在5G上投入巨大，并在全球广泛布局，如最近成立日本研究所，致力于发展5G技术。此外中兴和全球多个运营商联合开展5G技术的研究，并取得了相应成果。

2014年，中兴通讯联合中国移动在深圳完成了全球首个TD-LTE 3D/Massive MIMO基站的预商用测试，采用中兴最新研制的64端口128天线3D/Massive MIMO的基带射频一体化室外型基站，吞吐率达到传统8天线TDD产品的4～6倍。

2015年，中兴通讯与日本软银签订了Pre5G联合研发谅解备忘录，以面向未来的Pre5G Massive MIMO关键技术的联合研发为目的，合作开展相关技术的验证实验、技术评估和研究开发。

在5G网络架构方面，中兴通讯发布基于动态自适应的Mesh 5G架构，支撑5G网络中多种类型的基站（如UDN 小基站、Massive MIMO、传统宏基站和D2D 站等）之间的协作。

第四章

5G 空口关键技术

4

对于 5G 接入网技术，如图 4-1 所示，有两种典型的观点，一种认为 5G 接入网将是一种颠覆的架构，完全不同于现有的无线接入网；另一种是演进的路线，认为 5G 兼容现有的 4G，增强现有的 IMT 架构。目前，由于 5G 仍处于不断发展中，所以，尚不能下哪种架构最终会定型的结论。

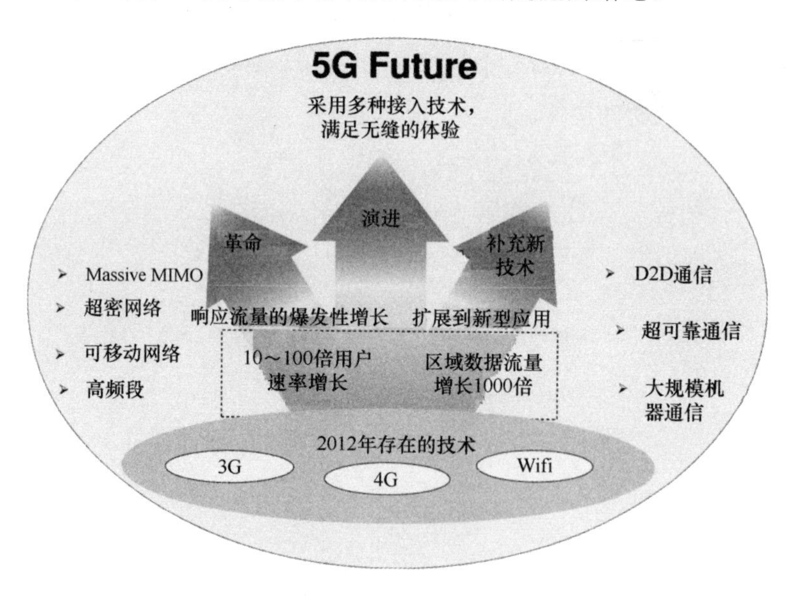

图 4-1　革命 VS 演进（5G RAN）

爱立信认为现有 LTE 的演进路线会是 5G 的主体，而以新空口为代表的新 RAT 则是 5G 中特定场景的技术。华为认为新空口是 5G 的核心特征，而现有 LTE 的演进不能满足 5G 的需求。诺基亚认为 5G 的核心在于采用 SDN、CDN 等技术改造 4G 网络。中兴认为 5G 还是属于 4G 的演进，所以提出 Pre5G 的概念。其他国内厂商尽管提出了一些新技术点（如大唐提出 PDMA），但是在业界尚未得到广泛认同。

尽管各大设备商对 5G 的核心技术还存在一些争议，但是大家一致认为：5G 需要从提高频谱效率、变革网络结构和新型频谱资源开发等方面进行突破，因而 5G 将诞生新的无线传输技术和新的网络架构。

在前面章节已经阐述了 5G 的核心特征：超高速率，超高容量，超低时延，超节能，全覆盖；从香农定理（图 4-2）的角度来看，移动网络的信道容量由以下几个因素决定：小区，信道，带宽，信噪比。

$$C_{\text{sum}} \Leftrightarrow \sum_{\text{Cells}} \sum_{\text{Channels}} B_i \log_2 \left(1 + \frac{P_i}{I_i + N_i}\right)$$

图 4-2　香农定理

5G 的性能实际需要从增加覆盖、增加信道、增加带宽和增加信噪比等几个途径一起入手，相关技术包括增强覆盖技术、频谱提升技术、频谱扩展技术和能效提升技术等。

- 覆盖增强可以考虑从网络架构入手，采用 D2D、M2M 和超密异构组网的方式实现。

➢ 提升频谱效率，可以从大规模多输入多输出（Massive MIMO）、基于滤波器组的多载波技术（FBMC）、空间调制和全双工等技术来实现。

➢ 频谱拓展则考虑通过新增频谱（可见光和毫米波），改善频谱使用方式（认知无线电）。

➢ 能效提升则可以从 Green Radio，干扰管理的角度去考虑。

5G 不同于前面几代移动通信技术，以某个技术为典型特征来定义，5G 的通信性能的提升需要多种技术的相互配合来实现，如图 4-3 所示。

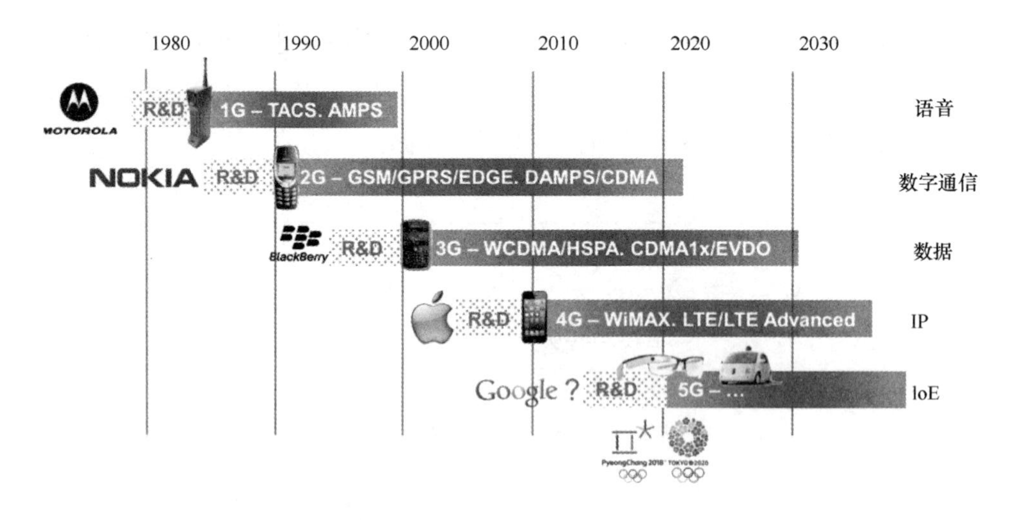

图 4-3　5G 是一系列技术的组合

从 RAN 的角度来看，5G 涉及的技术组合如图 4-4 所示，包括非正交多址接入、高级干扰消除/抑制、高级天线技术（如 Massive MIMO 和 MU-MIMO）、高级 Beam Forming 技术、高频技术（如：mmWave）、C/U-plane 分离、自组网（SON）、超密小区控制、认知无线电、M2M 通信、D2D、移动中继 Relay、多种 RAN 协调和陆地/卫星协作等。

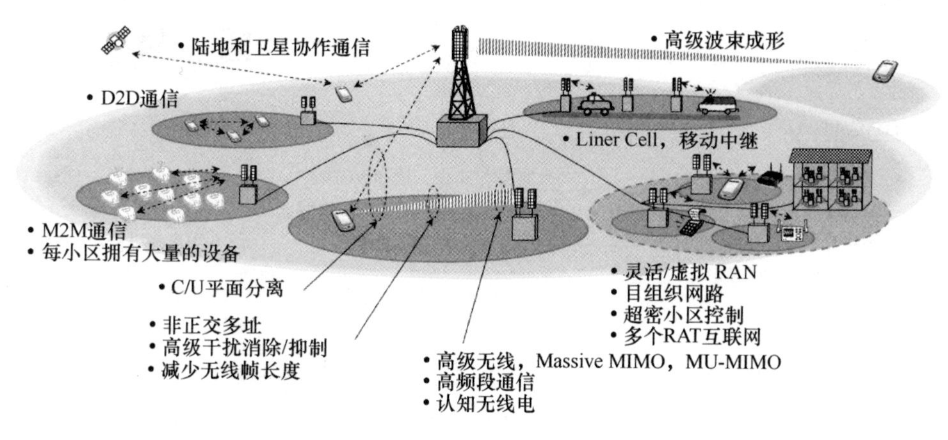

图 4-4 5G RAN 技术组合

目前，5G 技术仍然在不断发展中，这里重点介绍 RAN 侧的无线接入新型多址、新波形、新型调制编码、多天线和新频段通信等技术。

新型多址

多址接入是无线物理层的核心技术之一，基站通过多址技术来区分并同时服务多个终端用户，如图 4-5 所示。当前移动通信采用正交的多址接入，即用户之间通过在不同维度上（频分、时分、码分等）正交划分的资源来接入，如 LTE 采用 OFDMA 将二维时频资源进行正交划分来接入不同用户。

正交多址技术存在接入用户数与正交资源成正比的问题，因此系统的容量受限。为满足 5G 海量连接、大容量、低延时等需求，迫切需要新的多址接入技术。

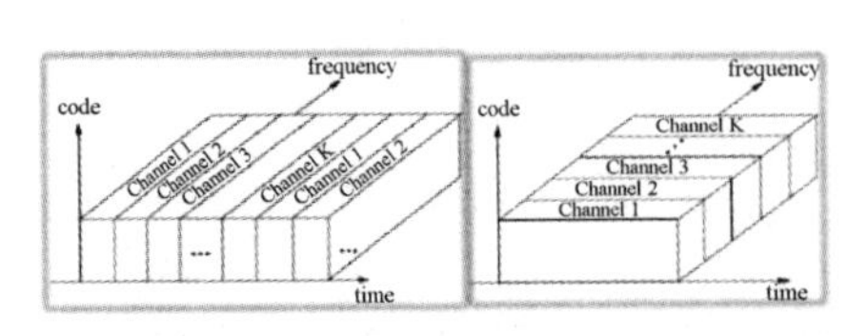

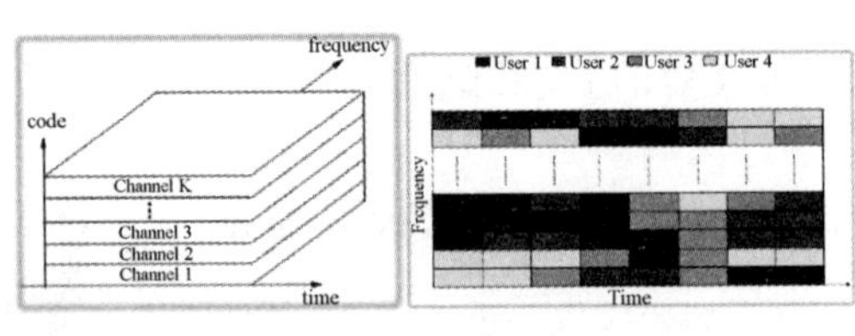

TDMA/FDMA

- 2G通信系统，例如GSM
- 时域或频域正交
- 用户在正交的时频块调度

CDMA

- 3G通信系统，例如WCDMA
- 时域或频域非正交，在码域正交
- 用于在正交序列上调度

OFDMA

- 4G通信系统，例如LTE
- 在2D的时频块上正交
- 用户在时频块上调度

图 4-5　无线通信多址技术

近几年，研究人员提出了一系列新型多址接入技术，它们通过在时域、频域、空域/码域的非正交设计，在相同的资源上为更多的用户服务，从而有效地提升系统容量与用户接入能力。

目前，业界提出主要的新型多址技术包括：基于多维调制和稀疏码扩频的稀疏码分多址（SCMA）技术，基于复数多元码及增强叠加编码的多用户共享接入（MUSA）技术，基于非正交特征图样的图样分割多址（PDMA）技术，以及基于功率叠加的非正交多址（NOMA）技术。

这些新型多址通过合理的码字设计，可以实现用户的免调度传输，显著降低信令开销，缩短接入的时延，节省终端功耗。

不同的 5G 应用场景，有不同的需求，例如：下行主要面向广域覆盖和密集高容量场景，目标是实现频谱效率的提升；上行主要面向低功耗大连接场景和低时延高可靠场景，目标是针对物联网场景。在满足一定用户速率要求的情况下，尽可能地增加接入用户数量，同时支持免调度的接入，降低系统信令开销、时延和终端功耗。未来 5G 技术需要根据不同的场景，并结合接收机的处理能力来选取合理的多址技术方案。

NOMA

2014年9月，日本NTT DOCOMO提出非正交多址接入（Non-Orthogonal Multiple Access，NOMA）技术，目的是为了更加高效地利用频谱资源，并为超密覆盖的小区提供技术基础。

传统的正交多址技术都是围绕着时域、频域和码域三个维度，单个用户只能分配单一的无线资源（例如：按频率分割，或按时间分割，或按码域分割），而NOMA在OFDM的基础上，在发射侧通过功率域或码域叠加，接收侧使用串行干扰抵消算法（SIC）或最大似然检测（ML）和ML类似的算法解调。

NOMA技术包括：功率域NOMA和码域NOMA。其中功率域NOMA，可以看作是时/频/空域的扩展，通过新增功率域，NOMA可以利用每个用户不同的路径损耗来实现多用户复用，NOMA将一个资源分配给多个用户，功率域不再由单一用户独占，功率域实现了由多个用户共享，通过在接收端采用干扰消除技术可以将用户区分开来，使得系统在一定时/频/空域资源下容纳更多用户接入。而码域NOMA主要包括低密度码分多址和交织多址两种形式。

NOMA技术相比LTE频谱效率提升了3倍，适用于用户过载场景、接入严格同步不容易实现的场景和基站天线数目比较少的场景，例如：超密集网络、大范围密集用户场景、直联通信D2D、物联网通信MMC和传感器网络等。此外，NOMA技术应用到有远近效应的场景中，可以在用户间的最大公平性和最大和容量（Maximum Sum Rate）之间取得最优。

- NOMA原理

如图4-6所示，我们知道，3G采用CDMA多址、单载波和快速功率控制（Fast Transmission Power Control，TPC）的链路自适应技术（解决远近效应）；

4G 采用 OFDMA 多址、OFDM 波形和自适应编码（AMC）链路自适应技术（不存在远近效应）；而未来 5G 将采用 NOMA 多址、OFDM 波形和“AMC+功率分配链路自适应”技术（解决远近效应）。

用户复用	非正交CDMA	正交OFDMA	非正交SIC
信号波形	单载波	OFDM (or DFT-s-OFDM)	OFDM (or DFT-s-OFDM)
链路适应	快速TPC	AMC	AMC+功率分配
图形	Non-orthogonal assisted bypower control F	Orthogonal between users F	Superposition & power allocation F

图 4-6　多址技术的比较

NOMA 的基本思想：发送端采用非正交发送，在接收端通过串行干扰删除（SIC）接收机实现解调，与正交传输相比，NOMA 接收机复杂度有所提升，但可以获得更高的频谱效率，相当于用提高接收机的复杂度来换取频谱效率。NOMA 技术的难点在于设计低复杂度且有效的接收机算法。

如图 4-8 所示，采用 NOMA 技术，同一小区覆盖范围的所有用户都能获得最大的可接入带宽，信号较弱的用户，干扰相对就大，它先把干扰解码出来，再解码自己的信号，这样可实现最优容量，并改善信号弱的用户的速率弱用户可达速率，采用 NOMA 技术，相当于 OFDMA 技术，弱信号用户的频谱效率约提升 48%，强信号用户的频谱效率约提升 32%。

- NOMA 中的关键技术

✧　串行干扰删除（SIC）

NOMA 在发送端，由于引入干扰，会带来多址干扰（MAI）的问题，因此在接收端采用串行干扰删除（SIC）接收机来消除 MAI 的影响。SIC 的基本思想是采用逐级消除干扰策略，在接收信号中对用户逐个进行判决，进行幅度恢复后，将该用户信号产生的多址干扰从接收信号中减去，并对剩下的用户再次进行判决，如此循环操作，直至消除所有的多址干扰。

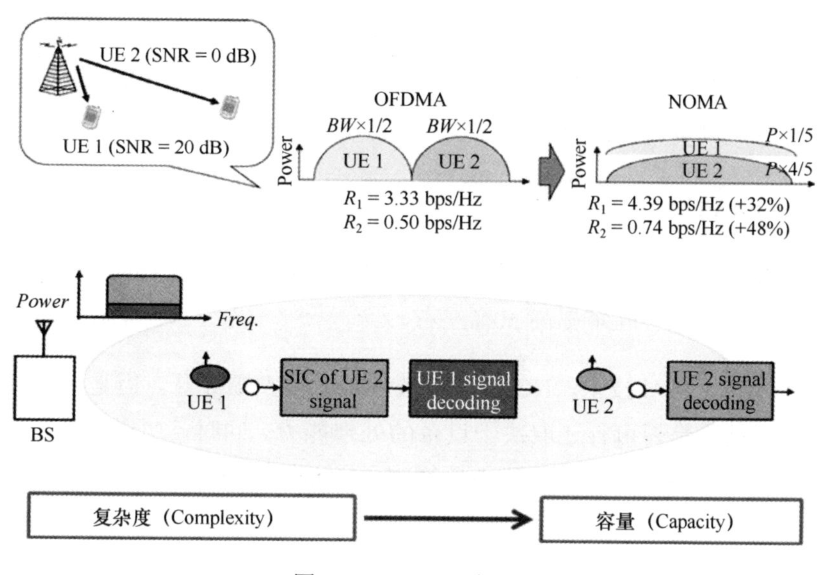

图 4-8 NOMA 原理图

SIC 接收机对用户逐个进行调制和编码，因此会造成处理延时，由于接收机的复杂性可能会使得 SIC 接收存在较大的问题，与正交传输相比，NOMA 接收机复杂度有所提升。

✧ 功率复用

NOMA 在发送端通过功率复用技术，对不同的用户分配不同的信号功率。功率复用技术不同于简单的功率控制，而是由基站通过算法来进行功率分配。

NOMA 在接收端使用 SIC 消除多址干扰（MAI），在接收端 SIC 接收机可以根据不同的功率区分不同的用户，即 SIC 依据用户信号功率的大小，对用户进行判决来确定消除干扰的用户的先后顺序。SIC 也可以通过诸如 Turbo 码和 LDPI 码的信道编码来进行区分用户。

功率分配对每一个用户的吞吐量都有着非常大的影响，因此在每一个用户的数据传输中都采用了调制与编码策略（MCS），通过判断功率分配的比例，基站可以很容易的控制每个 UE 的吞吐量。显然，整个小区的吞吐量和小区边缘的吞吐量，以及用户的公平性都是与功率分配有关的。

- NOMA 总结

NTT DoCoMo 通过模拟，验证了在城市地区采用 NOMA 的效果，可使无线接入宏蜂窝的总吞吐量提高 50%左右。

相比于正交多址技术，NOMA 频谱效率可以大幅提升，但是由于接收机相当复杂，技术是否可行还取决于设备的处理能力。同时，功率复用技术还不是很成熟，未来随着芯片处理能力的增强，NOMA 将成为 5G 中的核心技术。

MUSA

未来 5G 应用将聚焦到移动宽带和物联网（Internet of Things，IoT），因此不仅对广覆盖、高容量，而且对海量连接、低时延也提出更高需求。海量连接要求节点的连接成本和功耗都很低，而 4G 系统采用正交多址，需要严格的接入流程和调度控制，使得接入节点数受限，信令容量不足，节点成本高昂，节点功耗偏高，无法满足海量节点（低速率、低成本、低功耗）的要求，因此，有必要设计一种新的多址接入方式来满足上述需求。

不同现有的正交/准正交多址方案（TDMA、CDMA、OFDMA），中兴提出了 MUSA (Multi-User Shared Access) 非正交多址技术，它基于复数域多元码序列，融合了非正交和免调度设计，是一种多用户共享接入技术。中兴公开表示：MUSA 相比现有空口开销减少 50%，达到 200%的性能改善。

非正交允许用户信息混叠在一起，能天然地和免调度结合在一起。非正交融合免调度减弱了上行同步过程（甚至可以不需要上行同步），能大量节省信令开销；节点可以自由收发，实现深度睡眠；简化了节点物理层设计和流程，节省了成本；在低传输速率下有更大的节点过载率。

- MUSA 原理

MUSA 原理如图 4-9 所示。

用户使用具有低互相关的复数域多元码序列，将调制符号进行扩展；然后各用户扩展后的符号可以在相同的时频资源里发送；最后接收侧使用线性处理加上码块级串行干扰删除（SIC）来分离各用户的信息。

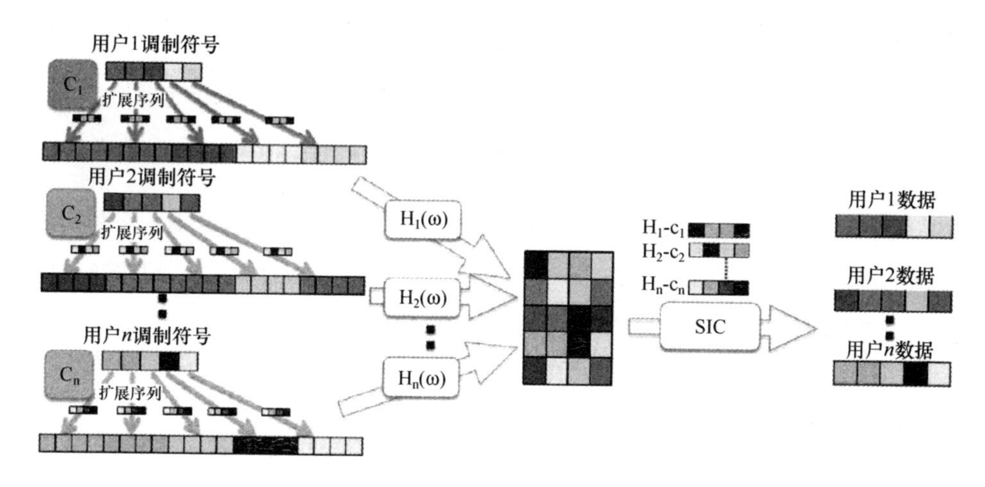

图 4-9 MUSA 上行接入方案

扩展序列是 MUSA 的关键部分，此类序列即使很短，也能保持相对较低的互相关，它直接影响 MUSA 的性能和接收机的复杂度。

MUSA 不需要接入用户先通过资源申请、调度和确认等复杂的控制过程才能接入，可以让大量共享接入的用户想发就发，不发就深度睡眠。这对海量连接场景尤为重要，能极大减轻系统的信令开销和实现难度。

MUSA 放宽/甚至免除严格的上行同步过程，只需要实施简单的下行同步。MUSA 还能利用不同用户到达 SNR 的差异，来提高 SIC 分离用户数据的性能，实现将“远近问题”转化为“远近增益”；另外，MUSA 减轻/甚至免除严格的闭环功控过程，从而为低成本、低功耗实现海量连接提供了基础。

- MUSA 的优势

MUSA 通过创新设计的复数域多元码及基于串行干扰消除（SIC）的先进多用户检测，相较于 4G 接入技术，可以让系统在相同时频资源下支持数倍用户的接入，并且可以免除资源调度过程，简化同步、功控等过程，从而大大简化终端的实现，降低终端的能耗，特别适合作为未来 5G 海量接入的解决方案。

MUSA 下行则通过创新的增强叠加编码及叠加符号扩展技术，提供比主流正交多址更高容量的下行传输，并同样能大大简化终端的实现，降低终端能耗。

不同于 NOMA 不需要扩频，MUSA 上行使用非正交扩频技术，同 NOMA 相同，两者都使用干扰消除技术，但 NOMA 不适合免调度场景，MUSA 利用随机性和码域维度，适合免调度场景。

SCMA

稀疏码分多址接入（Sparse Code Multiple Access，SCMA）是华为提出的全新空口核心技术，它是一种非正交多址技术，通过使用稀疏编码将用户信息在时域和频域上扩展，然后将不同用户的信息叠加在一起。

SCMA 的最大特点是，非正交叠加的码字个数可以成倍大于使用的资源块个数。相比 4G 的 OFDMA 技术，它可以实现在同等资源数量条件下，同时服务更多用户，从而有效提升系统整体容量。

- SCMA 原理

如图 4-10 所示，SCMA 作为一种新的频域非正交波形，在发送端，将输入 bit 直接映射到码本（复数域多维码字，即 SCMA 码字），码本能够分配到同样的 UE，也可以分配给不同的 UE；映射后的码本扩展到其他多个子载波，不同用户的码字在相同的资源块上以稀疏的扩频方式非正交叠加；接收端则利用稀疏性进行低复杂度的多用户联合检测，并结合信道译码完成多用户的比特串恢复。

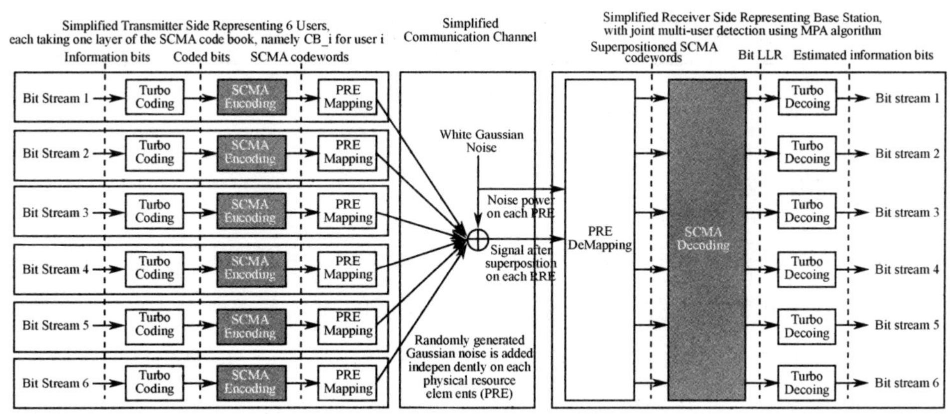

图 4-10 SCMA 原理

- SCMA 编码

SCMA 的编码原理（如图 4-11 所示）：对于单个用户，其输入 bit（如“00”）通过 SCMA 编码器后，编码器根据给定的 bit 从 SCMA 码本中，选取其中一个码字，相应的码字通过物理资源块（PRE）映射，这样码字映射到一个 PRE 上。

如果是六个用户，则最后 PRE 映射出来的将是六个用户的资源块的叠加。

即在每个长度为 4 的 SCMA 物理资源块上叠加每个用户映射的结果。

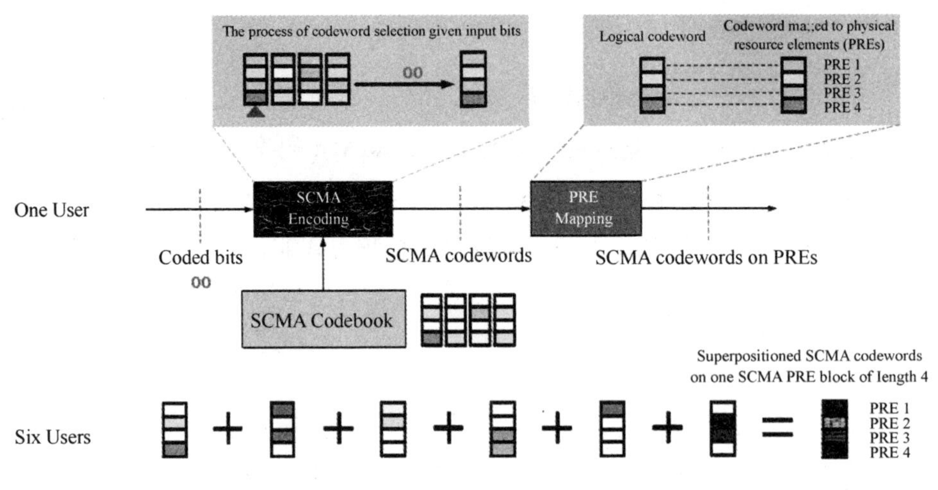

图 4-11　SCMA 编码原理

- SCMA 码本设计

SCMA 中各层终端设备的稀疏码字被覆盖于码域和功率域，并共享完全相同的时域资源和频域资源。一般地，如果覆盖层的数量多于所复用的码字的长度，系统对于多个用户终端设备的接入复用就会超载。而 SCMA 采用多维/高维星座调制技术，以及利用各个码字之间“天然”稀疏性，可以方便地实现对用户的检测。

SCMA 的码本能够更加灵活，可以满足各种场景的需求，针对不同的场景（如覆盖和海量链接），SCMA 能够生产不同的码本与之匹配。

SCMA 的码本如图 4-12 所示，其中 V 表示节点类型（数据层数），F 表示扩展因子（物理资源的数量），M 表示每个码本中的码字数。

SCMA 复杂度取决于以下两个主要因素：一是各个码字之间的稀疏程度；

二是采用多维度/高维星座调制技术，而且每个维度的映射点数要低。

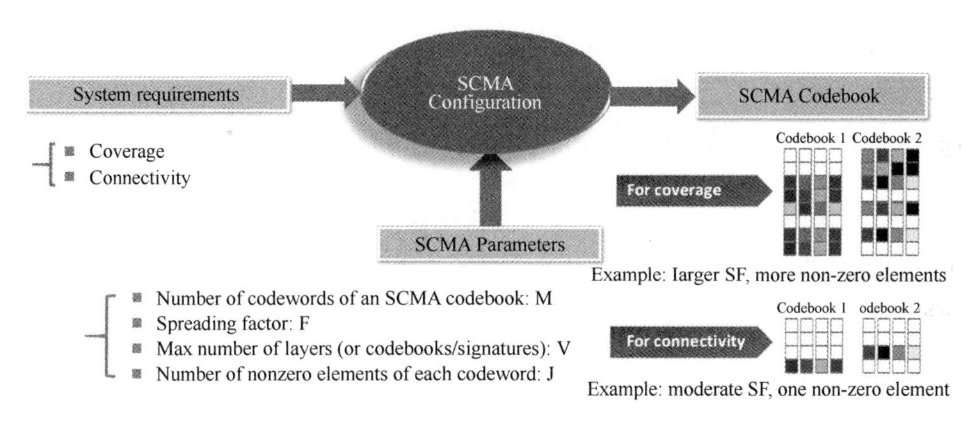

图 4-12 SCMA 码本示意图

- SCMA 关键技术

✧ 低密度扩频技术

SCMA 采用低密度扩频技术来实现，把单个子载波的用户数据扩频到 N 个子载波上（部分子载波对该用户而言是空载，且单个子载波不能有全部用户的数据），然后，N+X 个用户共享这 N 个子载波。相当于 N+X 个乘客同时挤着坐 N 个座位。

通过稀疏，用户数据不会在所有的子载波之上扩频，此时，同一个子载波上就有全部用户的数据，否则会产生非常严重的冲突，无法进行多用户数据的解调。

但是，当子载波数小于用户数时，子载波之间就不是严格正交的了，单个子载波上就会存在用户数据冲突，多用户解调也就存在较大的难度，SCMA 通过多维/高维星座调制技术解决了该问题。

✧ 多维/高维调制技术

在多维/高维调制技术，相比传统调制技术只有幅度与相位，调制的对象仍然是相位和幅度，但是实现了多个接入用户的星座点之间的欧氏距离拉得更远，多用户解调与抗干扰性能由此就可以大大地增强。

用户使用系统分配的码本进行多维/高维调制，系统拥有每个用户的码本，这样尽管各个子载波彼此不相互正交，但是依然可以把不同用户的数据解调出来。

SCMA 技术可使多个用户在同时使用相同无线频谱资源，通过引入码域的多址，大大提升了无线频谱资源的利用效率；通过使用数量更多的子载波组（对应服务组），并调整稀疏度（多个子载波组中，单用户承载数据的子载波数），可以进一步提升无线频谱资源的利用效率。

- SCMA 应用场景

SCMA 可以应用在 5G 的几种典型场景，如图 4-13 所示，包括高吞吐的场景、海量链接场景和低时延 MTC 场景（M2M）。

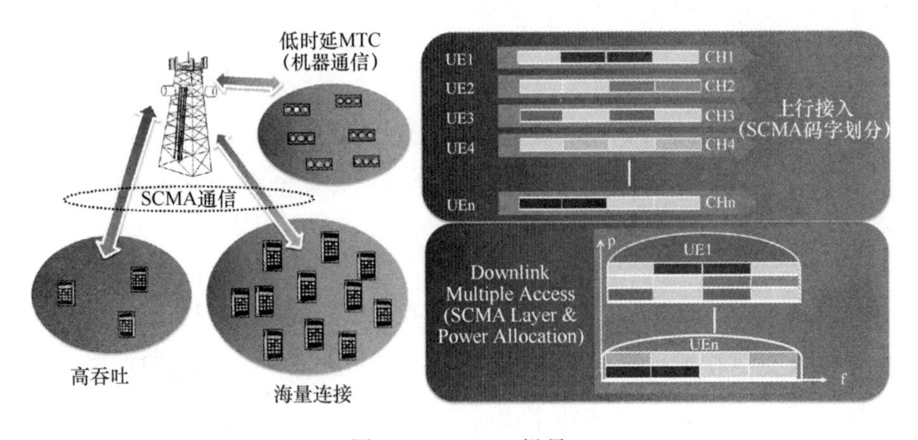

图 4-13　SCMA 场景

- SCMA 性能

如图 4-14 所示，SCMA 比 LTE 提供了更好的性能，能够比 LTE 提供 3 倍数量的物理链接。

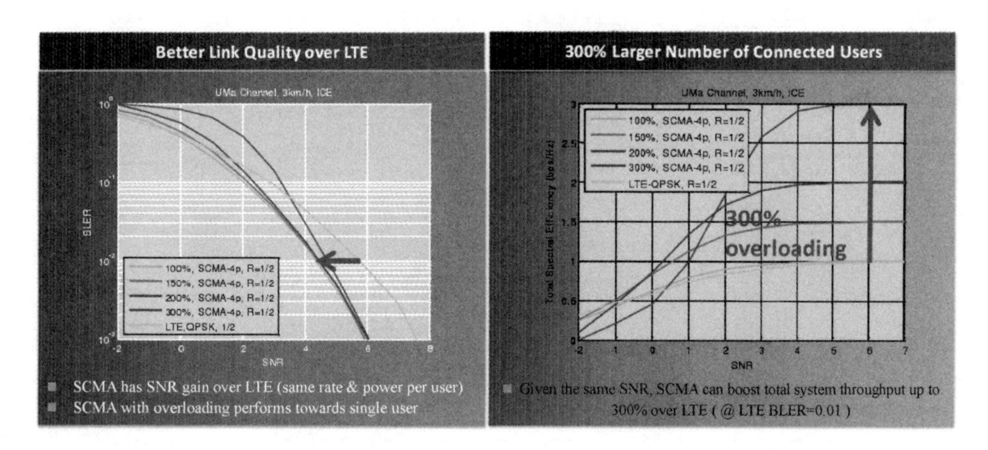

图 4-14　SCMA 性能分析

- SCMA 上行传输系统

图 4-15 是基于 OFDM 的 SCMA 发射器，其中 SCMA 编码器相当于取代了 LTE 中的 QAM 调制和 DFT 模块。

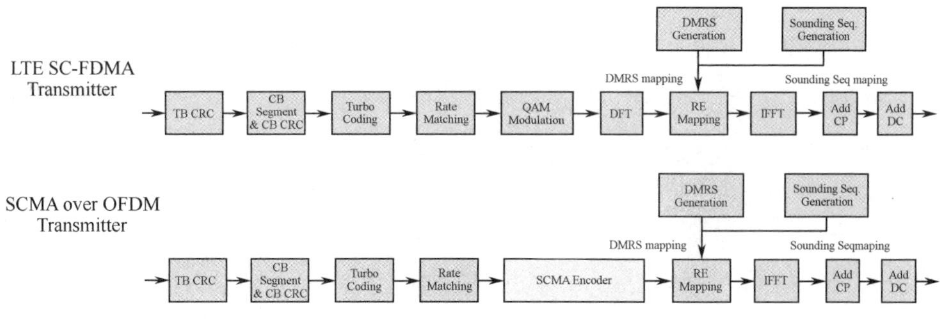

图 4-15　SCMA 上行示意图

图 4-16 是基于 OFDM 的 SCMA 接收机，其中 SCMA 解码器相当于取代了 LTE 中的接收机和解调器。

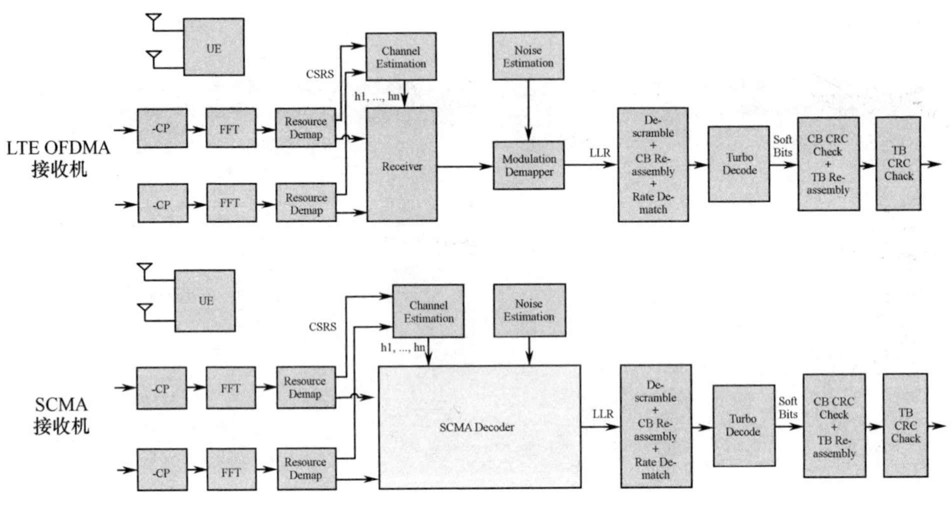

图 4-16　SCMA 下行示意图

PDMA

图样分割多址接入（Pattern Division Multiple Access , PDMA）技术，是大唐电信提出的新型非正交多址接入技术，它基于发送端和接收端的联合设计。在发送端，在相同的时频域资源内，将多个用户信号进行功率域、空域和编码域的单独或联合编码传输，在接收端采用串行干扰抵消（SIC）接收机算法进行多用户检测，做到通信系统的整体性能最优。

PDMA 看上去很复杂，基本思路是将用户信息在时域、频域和功率域等多个维度进行扩展，具体扩展方式就是“图样”，但如何选择图样并没有太多技术细节，目前来看，PDMA 在 5G 标准化的道路上，还有待进一步的发展。

新波形

波形是无线通信物理层最基础的技术。OFDM 作为 4G 的基础波形，各个子载波在时域相互正交，它们的频谱相互重叠，因而具有较高的频谱利用率，得到了广泛的应用，特别是在对抗多径衰落、低实现复杂度等有较大优点，但也存在一些不足：由于信道的时间色散会破坏子载波的正交性，从而造成符号间干扰和载波间干扰，OFDM 需要插入循环前缀（Cycle Prefix，CP）以对抗多径衰落（减小符号间干扰和载波间干扰），可是这样却降低了频谱效率和能量效率。OFDM 对载波频偏的敏感性高，具有较高的峰均比（Peak-to-Average Power Ratio，PAPR），需要通过类似 DFT 预编码之类的方法来改善 PAPR。OFDM 采用方波作为基带波形，载波旁瓣较大，在各载波不严格同步时，相邻载波之间的干扰比较严重；另外由于各子载波具有相同带宽，各子载波之间必须正交等限制，造成频谱使用不够灵活。

图 4-17 是 OFDM 的收发机示意图，信号在发送端需要经过 OFDM 调制（IFFT）和插入 CP；在接收端需要进行去 CP 和进行 OFDM 解调（FFT）。

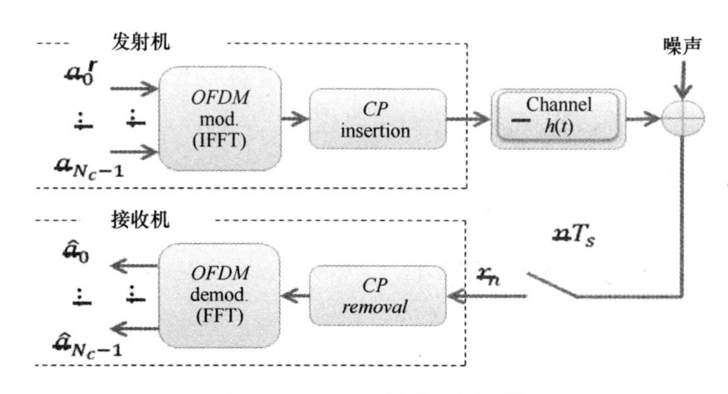

图 4-17　OFDM 收发机原理图

由于无线信道的多径效应，符号间会产生干扰，为了消除符号间干扰（ISI），需要在符号间插入保护间隔，插入保护间隔的一般方法是在符号间置零，即发送第 1 个符号后停留一段时间（不发送任何信息），接下来再发送第 2 个符号，这样虽然减弱或消除了符号间干扰，但是会破坏子载波间的正交性，导致子载波之间的干扰（ICI）。为了既消除 ISI，又消除 ICI，OFDM 系统中的保护间隔采用 CP 来充当，而 CP 是系统开销，不传输有效数据，降低了频谱效率。尽管如此，在时频同步的情况下，OFDM 是一个非常优秀的技术。

未来 5G 需要支持物联网业务，而物联网将带来海量连接，需要低成本的通信解决方案，因此并不需要采用严格的同步。而 OFDM 放松同步增加了符号间隔，以及子载波之间的干扰，导致系统性能下降。因此 5G 需要寻求新的多载波波形调制技术。

当前业界研究了多种新波形技术，如 FBMC、UF-OFDM 和 Filter-OFDM 等，相对于 OFDM，这些新波形不需要严格的同步，可以有效地降低带外能量泄露，适合物联网小包业务传输。

由于 5G 需要满足多种场景与业务的需求，当前没有一种波形可以适用所有场景，不同的业务和场景需要设计合理的波形，未来 5G 需要灵活、弹性的空口，将根据场景和业务自适应地选择合适的波形。

新波形技术由于子带具有更少的带外能量泄露，不仅可以提升频谱效率，还可以支持碎片化频谱接入和异步海量终端接入，因此适用于广域覆盖、低功耗大连接、低时延高可靠场景。

基于滤波器组的多载波技术（FBMC）

滤波器组多载波技术（Filter-Bank Based Multi-Carrier，FBMC）属于频分复用技术，通过一组滤波器对信道频谱进行分割以实现信道的频率复用。FBMC

系统在发送端通过合成滤波器组来实现多载波调制，接收端通过分析滤波器组来实现多载波解调。合成滤波器组和分析滤波器组由一组并行的成员滤波器构成，其中各个成员滤波器都是由原型滤波器经载波调制而得到的调制滤波器。

相比正交频分复用（Orthogonal Frequency-Division Multiplexing，OFDM），FBMC 显著减少了带外泄露，适合动态频谱共享的场景；由于 FBMC/OQAM 不需要循环前缀（CP）保护，因此比 OFDM 频谱效率更高，FBMC 对上行接入信道同步要求也比 OFDM 更低。

- FBMC 原理

FBMC 的原型滤波器的冲击响应和频率响应可以根据需要进行设计，各载波之间不要求正交，不需要插入循环前缀（CP），能实现各子载波带宽设置、各子载波之间的交叠程度的灵活控制，从而可灵活控制相邻子载波之间的干扰，并且便于使用一些零散的频谱资源；各子载波之间不需要同步，因此同步、信道估计、检测等可在各子载波上单独进行处理，适合于各用户之间难以严格同步的上行链路。

OFDMA 与 FBMC 原理比较如图 4-18 所示。

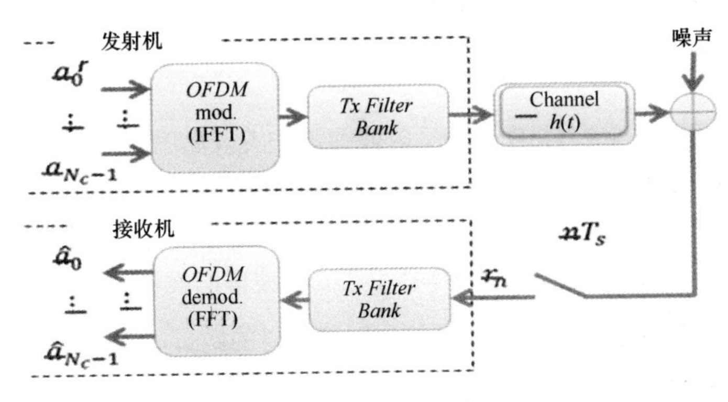

图 4-18　FBMC 原理图

FBMC 相比 OFDM，相当于用滤波器替代了 CP，由于没有 CP，FBMC 节省了 CP 占用和发送的开销，从而提升了频效和能效。如图 4-19 所示，FBMC 能显著降低旁瓣功率，尤其适用于碎片化频谱利用和异步通信技术。FBMC 的代价是利用时域为多个符号长度的滤波器对每一子载波逐一滤波，但是对于小包数据为特征的物联网通信而言，这将大大增加系统开销。

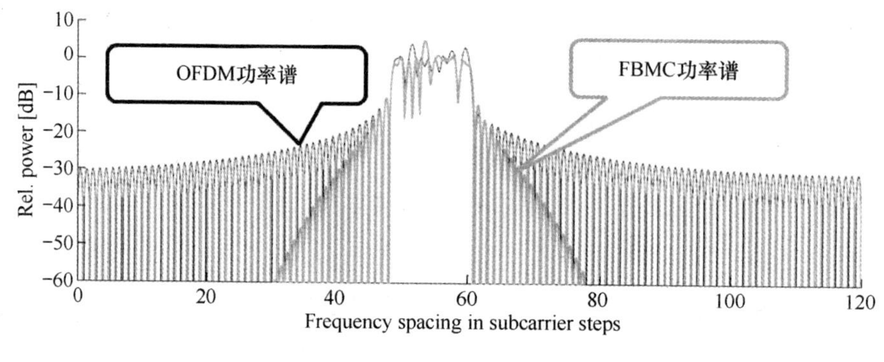

图 4-19　FBMC 的功率谱

以 LTE 为例，OFDM 中的循环前缀占 7.2%，扩展循环前缀占总符号时间的 20%，因此 CP 是一种重要的开销，FBMC 利用一组不交叠的带限子载波实现多载波传输，对于频偏引起的载波间干扰非常小，去掉 CP 后，必然提高能效和频谱效率。

FBMC 技术改变了 OFDM 的子载波波形方案（如图 4-20 所示），从而在技术上可以使用大量滤波器构成的滤波器组来实现。

FBMC 的性能取决于原型滤波器和调制滤波器的设计，为了满足特定的频率响应要求，原型滤波器的长度远远大于子信道的数量，使得硬件实现比较困难，5G 滤波器组的快速实现算法，是 FBMC 的重要研究内容。

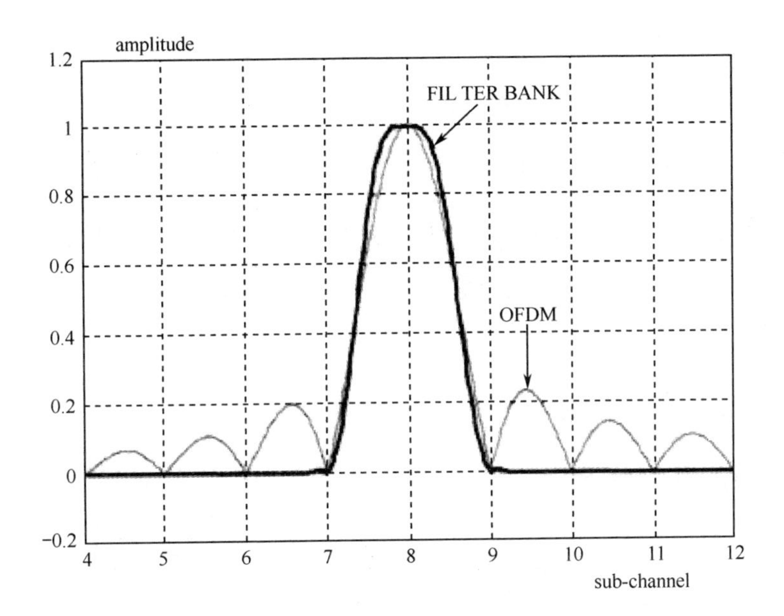

图 4-20　OFDM 和 FBMC 波形比较

F-OFDM

5G 支持丰富的业务场景，每种业务场景对波形参数的需求各不相同。一是低时延业务：要求极短的时域符号周期与传输时间间隔，子载波带宽比较宽。二是海量连接业务：数据量低，连接数高，频域上需要比较窄的子载波物理带宽，而时域上，符号周期与传输时间间隔可以足够长，不需要考虑码间串扰/符号间干扰，不需要引入保护间隔/循环前缀。

传统的 OFDM 带外泄露高（需要 10%的保护带），同步要求严格，整个带宽只支持一种波形参数，无法满足 5G 低时延和海量连接的需求，5G 的基础波形需要根据业务场景来动态地选择和配置波形参数，同时又能兼顾传统 OFDM 的优点。

可变子载波带宽的非正交接入技术（Filtered-OFDM，F-OFDM），是基于子带滤波的 OFDM，是未来 5G 的候选波形，它将系统带宽划分成若干子带，子带之间只存在极低的保护带开销，每种子带根据实际业务场景需求配置不同的波形参数，各子带通过 Filter 进行滤波，从而实现各子带波形的解藕。

F-OFDM 可以同时根据移动通信应用场景，以及业务服务需求支持不同的波形调制、多址接入技术和帧结构，支持 5G 按业务需求的动态软空口参数配置。

- F-OFDM 工作原理

F-OFDM 的原理如图 4-21 所示，相比 OFDM，F-OFDM 的发射机在每个 CP-OFDM 的头部增加子带滤波器，不需要对现有的 CP-OFDM 系统做任何修改，在每个子带上分别滤波，每个子带上都有独立的子载波间隔、CP 长度和 TTI 配置；在临近的子带之间有很小的保护带开销；F-OFDM 的接收机，相比 OFDM 在去 CP 前增加了子带滤波器。

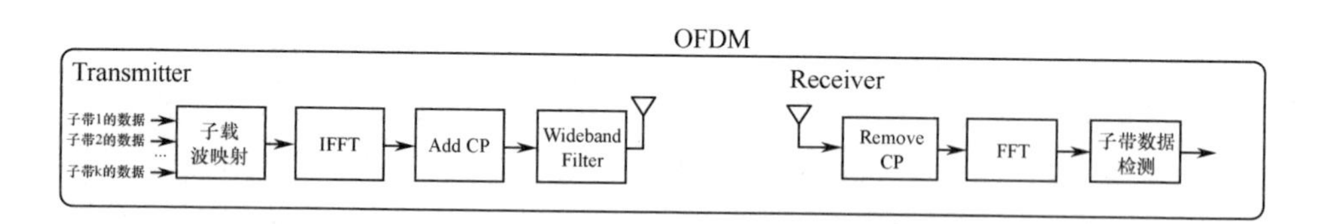

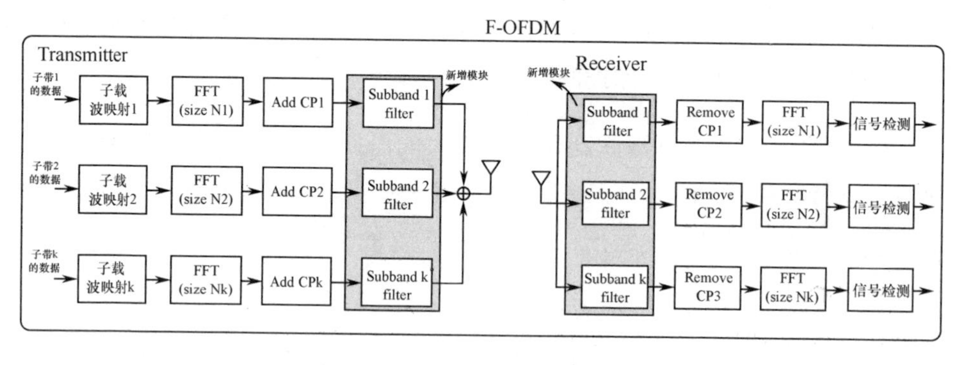

图 4-21　F-OFDM 的原理

F-OFDM使得配置有不同参数的OFDM波形共存，通过子载波滤波器来生成具有不同子载波间距、不同OFDM符号周期、不同子载波保护间隔的OFDM子载波分组，从而可以为不同业务智能地提供最优的波形参数配置（子载波物理带宽、符号周期长度、保护间隔/循环前缀长度等），满足5G系统时域和频域资源的需求。

F-OFDM优化了滤波器设计，把不同带宽的子载波间的保护间隔做到最低，这样不同带宽的子载波之间，即使不正交也不需要保护带宽，相比OFDM节省10%的保护带宽，因此，F-OFDM在频域和时域上已经没有复用空间。可以考虑从码域和空域资源上进一步复用。

UF-OFDM

阿尔卡特朗讯在2014年展示了基于通用滤波的正交频分复用（Universal Filtered -Orthogonal Frequency-Division Multiplexing，UF-OFDM）新波形技术，该波形可以灵活地应用到物联网和M2M系统。

UF-OFDM是融合和扩展了OFDM和单载波频分多址接入（Single Carrier Frequency Division Multiple Access，SC-FDMA）技术，可以提供更高的性能，尤其适用于突发小包数据，以及时延敏感业务。

表4-1对OFDM、UF-OFDM 和FBMC技术进行了对比。

表4-1 OFDM、UF-OFDM和FBMC技术比较

属性	OFDM	FBMC	UF-OFDM
时频同步的敏感度	高	低	低
是否适用于碎片化频谱利用	低	高	高
是否适用于小包传输（开销比例比较低）	高	低	高
MIMO技术的移植性	高	低	高
复杂度	低	中	低，中
自适应性（如子载波间隔和调制编码等）	中	中	高

FBMC 中，滤波器处理的对象是单个子载波，而 UF-OFDM 滤波器的处理对象为一组子载波，通过在发射机中增加了一组状态可变的滤波器，可以改善频谱成型，并能灵活地提供符号之间的保护间隔。

此外，FBMC 难以移植 MIMO 技术，而 UF-OFDM 则可以和 MIMO 很好地进行结合。

图 4-22 是 UF-OFDM 的收发机。

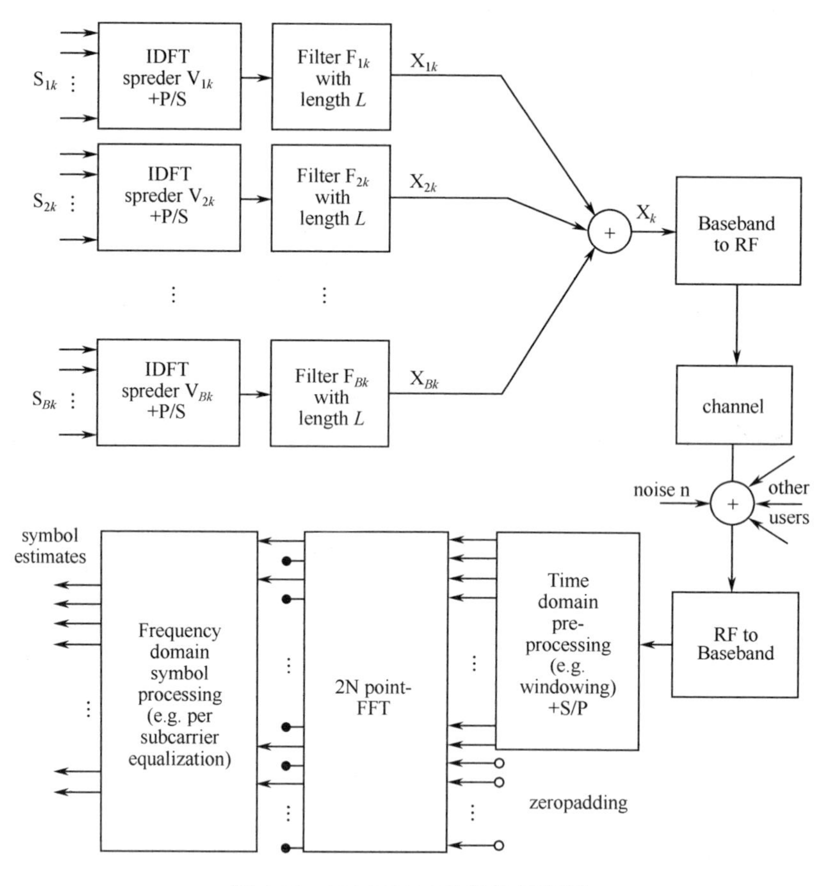

图 4-22　UF-OFDM 收发机原理图

在 UF-OFDM 的发射机中，每个子带的符号首先经过 IDFT 调制变换到时域，之后再将时域信号通过滤波器进行线性滤波操作，然后再发送到射频前段 RF。因为每个 UF-OFDM 子带都会单独滤波，所以会包括由滤波器滤波所导致的拖尾部分，通过设定恰当的滤波器长度，这部分拖尾能够实现避免 ISI 的功能。

新型调制编码

5G 包括以人为中心和以机器为中心的通信。这两类场景有着不同的需求，以人为中心的通信追求高性能和高速率，相应的终端用户的数据速率要达到 10 Gbps，基站的数据速率要达到 1 Tbps；以机器为中心的通信追求低功耗、低时延，相应的传感器速率只有 10～100 Bps，而工业控制类应用对时延的要求特别高，需要达到 10^{-4} 秒。

面对 5G 的核心需求（如图 4-23 所示），传统链路自适应技术已经无法予

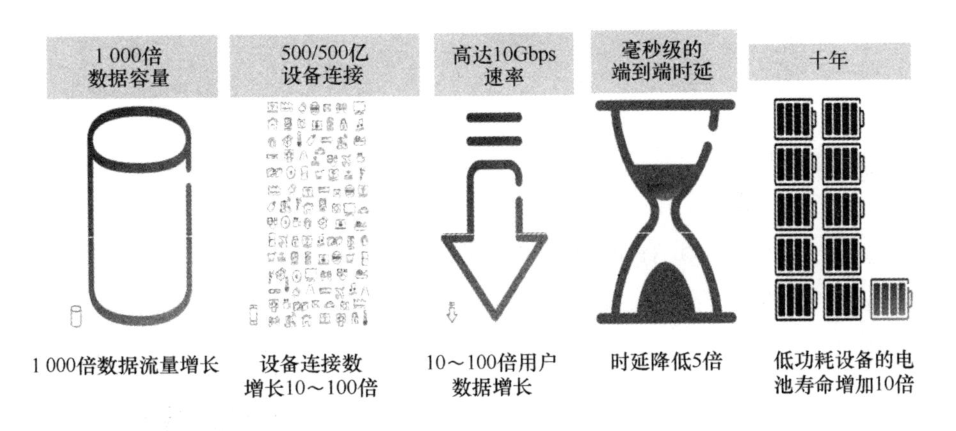

图 4-23 5G 的核心需求

以满足，而新的编码调制与链路自适应技术可以显著地提高系统容量、减少传输延迟、提高传输可靠性、增加用户的接入数目。

回顾无线通信技术的发展，调制技术经历了从模拟调制到数据调制（QPSK、16QAM、64QAM、128QAM、256QAM……）。编码技术经历了从 BCH 码、卷积码到 Turbo 码。如图 4-24 所示，未来调制和编码技术如何演进，这成为 5G 中必须考虑的问题。其中新型调制技术和 Polar 码是当前 5G 的热点。

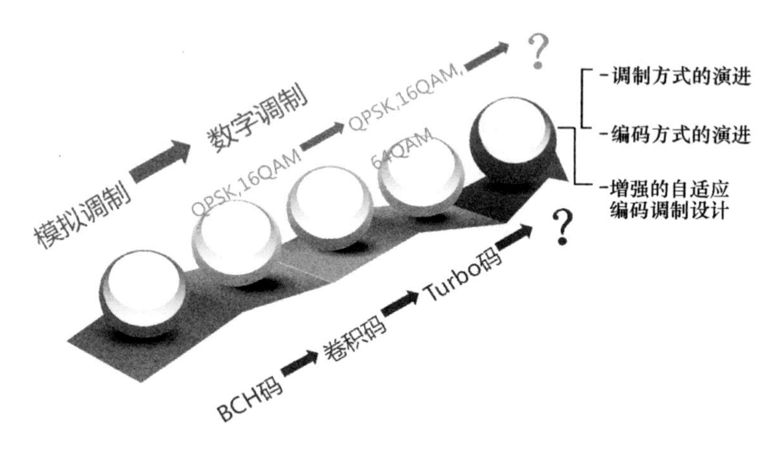

图 4-24　编码调制技术演进

调制技术

尽管 QAM 调制和 Turbo 编解码已在 3G、4G 中广泛应用，但业界一直在研究新型的调制编码技术。例如：空间调制（SM）技术，可以克服 MIMO 技术的弊端、有效地避免信道间干扰（ICI）、多天线发射同步，以及接收天线数等问题；三星提出的频率正交幅度调制（Frequency Quadrature-amplitude Modulation，F-QAM），用于提升边缘用户吞吐量；多元低密度奇偶检验（LDPC）

码能够保持增量冗余的特性，提升低码率下的编码性能；极化（Polar）码与 LDPC 类似，均具有接近香农极限的优异编码性能，且编译码复杂度相对 LDPC 更低，可以降低编译码处理时延。

新型调制编码由于具有更好的差错性能，可以应用于增强覆盖、提高传输效率，增加系统可靠性并降低系统的重传概率，从而减少时延，特别适用于广域覆盖、低功耗大连接和低时延高可靠等 5G 场景。

- SM

空间调制（Spatial Modulation，SM）的核心思想是：在任何时刻，所有的发射天线中只有一根天线被激活用来发送数据，其在天线阵中的位置信息也携带一定的信息比特，将传统二维映射扩至三维映射，提高频谱效率。这根天线发射数据时，其余天线都静默。接收端采用归一化最大比合并（NMRC）算法，不仅要实现发射天线序号的估计，还要完成对发送符号的解调。

SM 的每时隙只有一根发射天线处于工作状态，避免了信道间干扰与天线同步发射问题，且系统仅需一条射频链路，有效地降低了成本。

图 4-25 给出了 2 根发射天线 QPSK 调制时 SM 的三维星座示意图。以图 4-25 为例，若采用 4 bps·Hz^{-1} 的频谱利用率发送信息，前 2 bit 信息用作 QPSK 调制，后 2 bit 信息用来选择发送天线。同理，也可采用 2 根发射天线或 8 根发射天线，调制阶数做相应调整即可。

SM 系统如图 4-26 所示，其发射天线数目必须为 2 的幂次方，以便进行星座点的三维映射；接收端解调的信号取决于发射信号正确解码和发射天线序号的正确估计，因此正确的天线序号估计决定了系统性能的好坏；空间调制的频谱效率只能以对数形式增长。

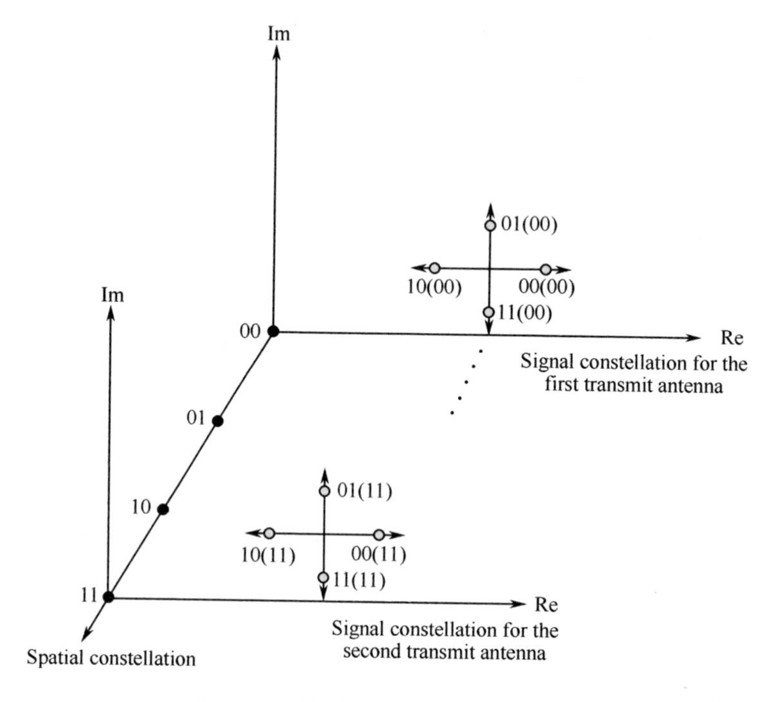

图 4-25　4 发射天线 QPSK SM 星座图

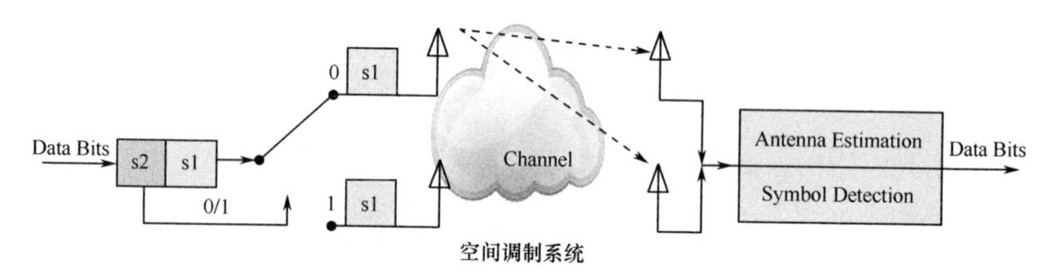

图 4-26　空间调制系统示意图

- FQAM

频率正交幅度调制（FQAM）是三星提出的一种调制方式，如图 4-27 所示，它通过将频移键控（FSK）与正交幅度调制（QAM）相结合，提高频谱效率，特别用于多小区下行链路中，能够提高小区边缘用户的通信质量和吞吐量。

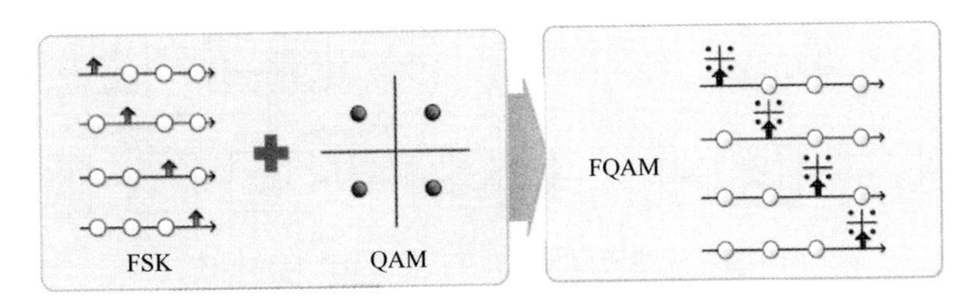

图 4-27 FQAM 示意图

Polar 码

信道编码技术是无线通信物理层最核心的基础技术之一，它的主要目的是使数字信号进行可靠的传递。信道编码技术通过在发送信息序列上增加额外的校验比特，并在接收端采用译码技术对传输过程中产生的差错进行纠正，从而实现发送信息序列的正确接收。

半个多世纪来，研究人员提出了多种纠错码技术（RS 码、卷积码和 Turbo 码等），但这些编码方法都没有达到香农极限。

2008 年，Arikan 首次提出了信道极化的概念，基于该理论，他提出了极化码（Polar Code），它是一种被严格证明能达到信道容量的信道编码方法，当前 Polar 码的性能已超过 Turbo 码和 LDPC 码。

- Polar 码原理

Polar 码基于信道极化理论，是一种线性分组码，相比 LDPC 码，Polar 码在理论上能够达到香农极限，并且有着较低复杂度的编译码算法。

为便于理解 Polar 码，这里以 LTE 为例，讲解 Polar 码无线收发机的原理。

LTE 发射机信号处理链路框图如图 4-28 所示。

LTE 接收机信号处理链路框图如图 4-29 所示。

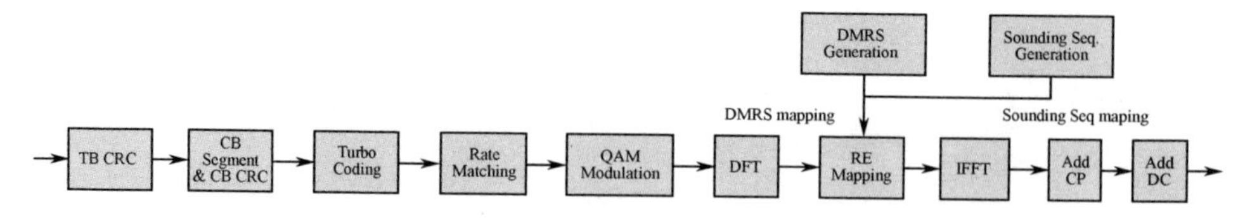

图 4-28　无线通信发射机基带信号处理链路框图

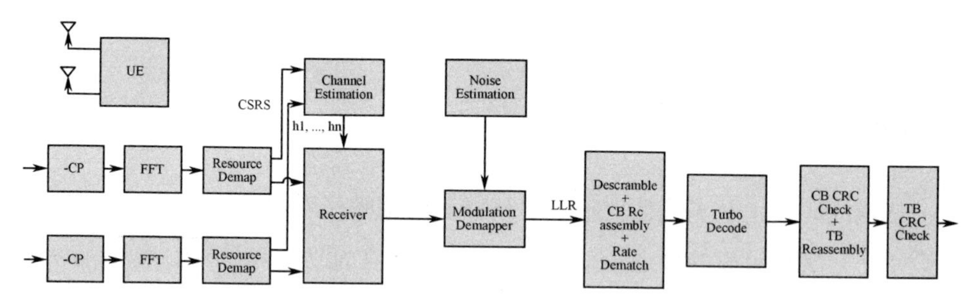

图 4-29　LTE 无线通信接收机基带信号处理链路框图

Polar 码相当于取代现有 Turbo 码在无线收发机中的位置，如图 4-30 所示。

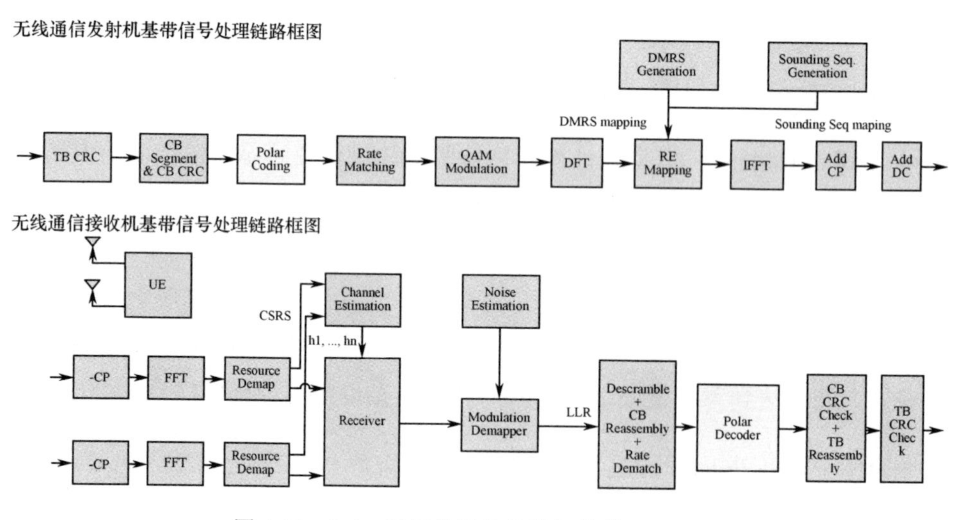

图 4-30　Polar 码无线通信收发机基带处理链路

- Polar 码的编解码

Polar 码的编码器和解码器示意图如图 4-31 所示。

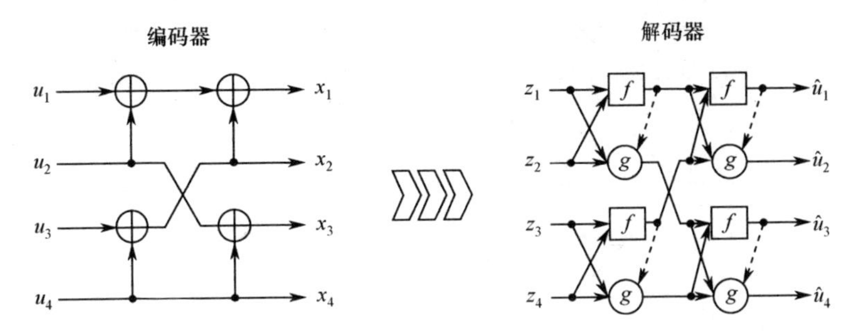

图 4-31 Polar 码编解码示意图

信道极化是 Polar 码的核心，信道极化过程包括信道组合（Channel Combining）和信道分解（Channel Splitting）两个部分。

信道组合是指对已知的信道 W 进行复制，得到一组新的相互独立的 N 个信道，当 N 逐渐增大时，每个独立信道又称为比特信道，它们的信道容量 I（将趋向于 0 或者 1）。对于一般情况，其信道组合结构如图 4-32 所示。

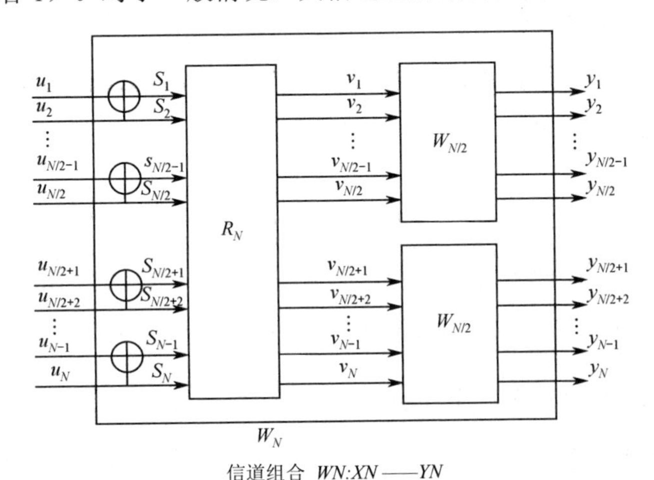

图 4-32 Polar 码信道组合示意图

如图 4-33 所示，信道分解是将 W_N 恢复成 N 个相互独立的信道 W 的过程。

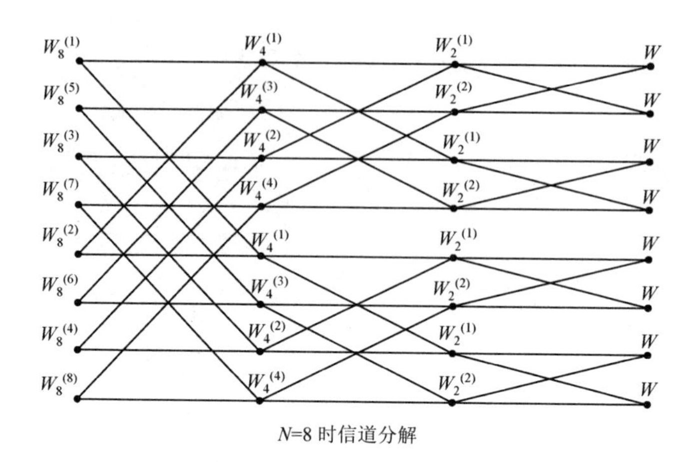

N=8 时信道分解

图 4-33　Polar 码信道分解示意图

极性编码（Polar Coding）技术通过一个简单的编码器和一个简单的连续干扰抵消（Successive Cancellation，SC）解码器来获得理论上的香农极限容量（当编码块的大小足够大的时候）。

在 Polar 码所有的研究成果之中，公认的最为重要的解码算法是 SC-list（连续干扰抵消表）解码，其性能可以与最优化的最大似然（Maximum-likelihood，ML）解码相媲美（当中等编码块的表单规模为 32 的时候）。

- Polar 码的性能

在码长为 1024、码率为 0.5、信道为 AGWN、调制方式为 BPSK 的模型中，Polar 码相比 Turbo 码可以获得 0.3~0.7 dB 的增益，如图 4-34 所示。

大量的性能仿真实验结果表明，当编码块偏小时，在编解码性能方面，极性编码（Polar Coding）与循环冗余编码（Cyclic Redundancy Codes，CRC），以及自适应的连续干扰抵消表（SC-list）解码器级联使用，可超越 Turbo/低密度奇偶校验（Low Density Parity Check，LDPC）编码。

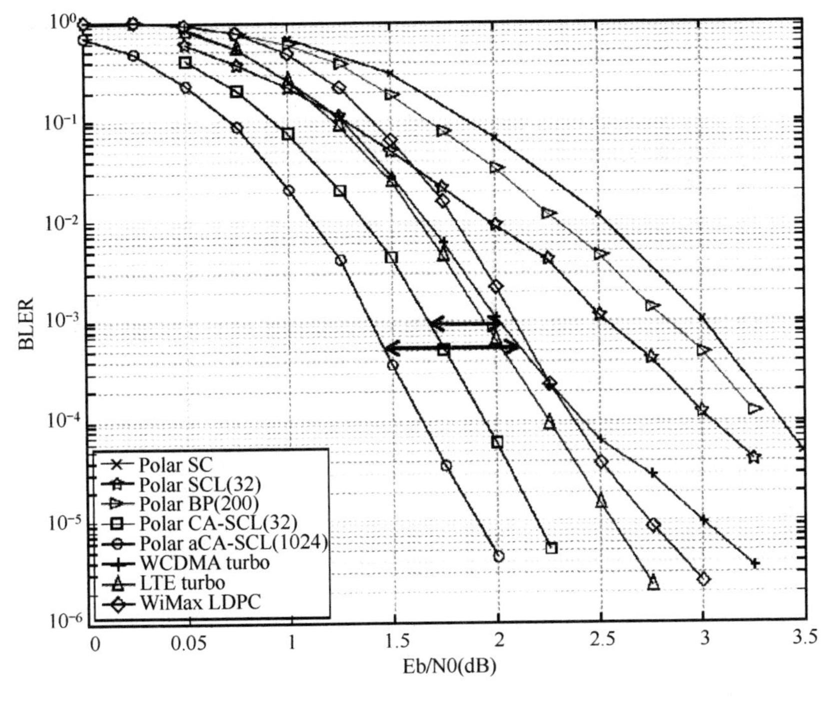

图 4-34　Polar 码的性能

Polar 码由于优良的编译码算法处理能力和高可靠性，已经被视为 5G 空口中前向纠错（Forward Error Correction，FEC）的候选技术。

Massive MIMO

提升无线网络容量的方法有很多种，主要包括提升频谱效率、提高网络密度、增加系统带宽和智能业务分流等，其中多天线技术获得越来越多的关注。大规模多输入多输出（Massive Multi-input Multi-output，Massive MIMO）通过充分利用空间资源，可以大幅提高频谱效率和功率效率，成为 5G 中的关键候选技术。MIMO 的演进如图 4-35 所示。

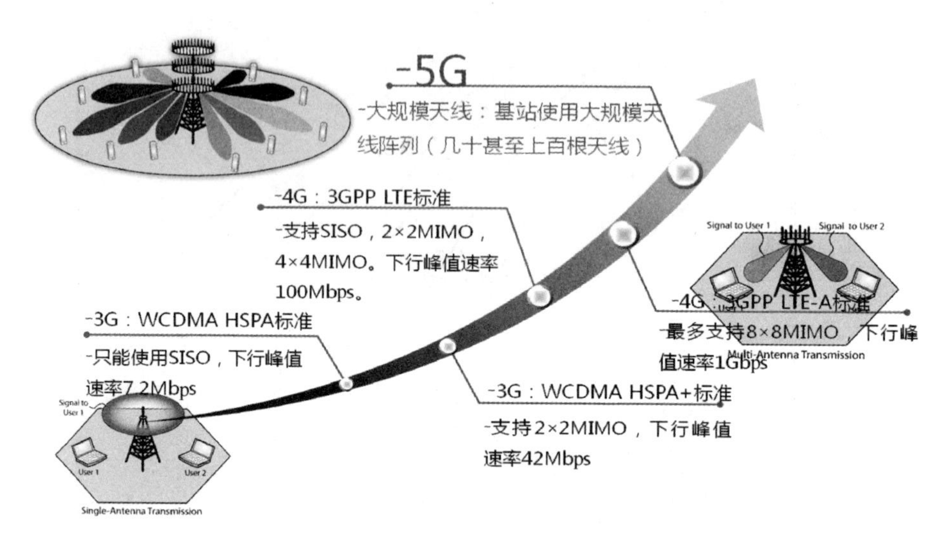

图 4-35　MIMO 的演进

MIMO 原理

MIMO 是利用发射端的多个天线各自独立发送信号，同时在接收端用多个天线接收并恢复原信息，如图 4-36 所示，同时 MIMO 通过发送和接收多个空间流，信道容量随着天线数量的增大而线性增大，从而成倍提高无线信道容量，在不增加带宽和天线发送功率的情况下，频谱利用率可以成倍地提高。

Massive MIMO 概要

Massive MIMO，又称为 Large-scale MIMO，通过在基站侧安装几百上千根天线，实现大量天线同时收发数据，通过空间复用技术，在相同的时频资源上，同时服务更多用户，从而提升无线通信系统的频谱效率，如图 4-37 所示。

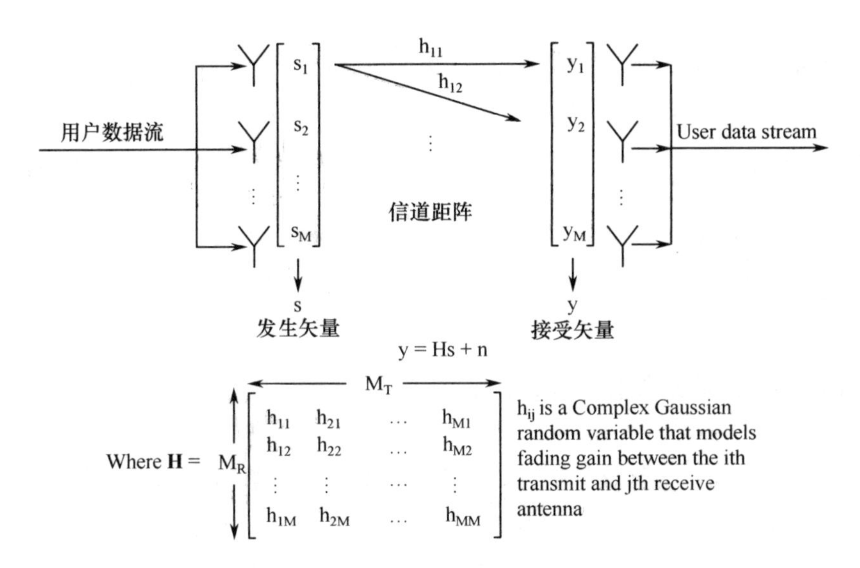

图 4-36　MIMO 的原理

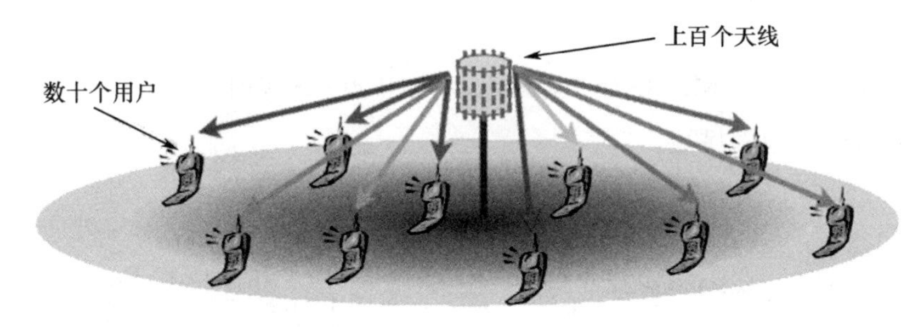

每个基站都有非常大的天线阵列

同时服务大量的用户

大量的基站天线

本质上是多用户使用多个基站天线

图 4-37　Mssive MIMO 的原理

大规模天线阵列可很好地抑制干扰，提升小区内及小区间的干扰抑制增益，提高了系统容量，改善基站覆盖范围。

Massive MIMO 中，基站的天线数庞大，基站在同一个时频资源上同时服务于若干个用户。在天线的配置方式上，可以集中配置在单基站上，形成集中式的大规模 MIMO；也可以分布式地配置在多个节点上，形成分布式的大规模 MIMO。

Massive MIMO 的物理层研究包括：基站天线架构设计、基站端预编码、基站端信号检测、基站端信道估计、控制信道性能改进。

Massive MIMO 的优势和挑战

根据信息论，天线数量越多，频谱效率和可靠性提升越明显。尤其当发射天线和接收天线数量很大时，MIMO 信道容量将随收发天线数中的最小值近似线性增长。因此，采用大数量的天线，为大幅度提高系统的容量提供了一个有效的途径。

相比于传统的 MIMO 技术，Massive MIMO 具有很多优势，如图 4-38 所示，同时也有很多挑战。

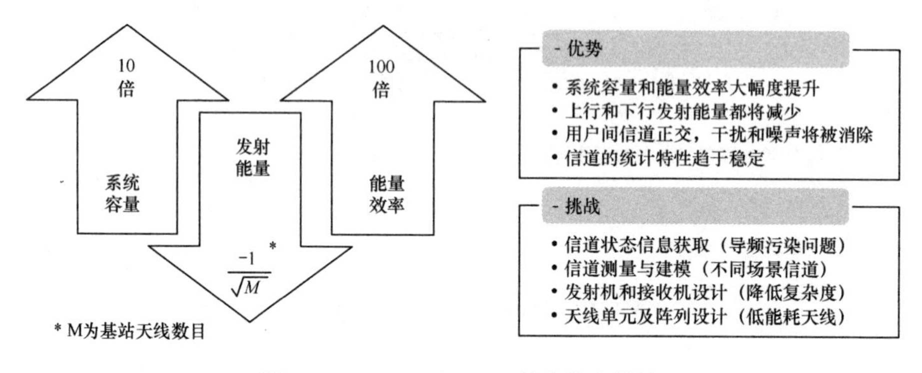

图 4-38 Massive MIMO 的优势和挑战

Massive MIMO 的优势包括：

第一，Massive MIMO 能深度挖掘空间维度资源，使得多个用户可以在同一时频资源上与基站同时进行通信，从而大幅度提高频谱效率；

第二，Massive MIMO 可大幅降低上下行发射功率，从而提高功率效率；

第三，Massive MIMO 将波束集中在很窄的范围内，从而大幅度降低干扰；

第四，当天线数量足够大时，最简单的线性预编码和线性检测器趋于最优，并且噪声和不相关干扰都可忽略不计。

Massive MIMO 面临的挑战包括：

第一，目前 Massive MIMO 仅考虑时分双工（Time Division Duplex，TDD），利用信道互易性来获得信道状态信息，但是由于导频信号空间的维数总是有限的，所以总是不可避免地存在不同小区的用户采用相同导频同时发射，从而导致基站无法区分，形成所谓的“导频污染”，Massive MIMO 中导频污染已经成为性能的瓶颈；

第二，当前 Massive MIMO 的信道模型仍不成熟，需要深入研究符合实际应用场景的信道模型；

第三，Massive MIMO 的信号检测和预编码都需要高维矩阵运算，复杂度高，并且由于需要利用上下行信道的互易性，因而难以适应高速移动场景和 FDD 系统；

第四，由于 Massive MIMO 采用大量天线进行收发，因此功耗也大幅增加，因此需要设计天线单元和阵列，降低天线的能耗。

Massive MIMO 应用场景

Massive MIMO 在 5G 中的应用场景分为两类：热点高容量场景和广域大覆盖场景。

热点高容量包含：局部热点和无线回传等场景；广域大覆盖包含：城区覆

盖和郊区覆盖等场景。其中局部热点主要针对大型赛事、演唱会、商场、露天集会、交通枢纽等用户密度高的区域；无线回传主要解决基站之间的数据传输问题，特别是宏站与 Small Cell 之间的数据传输问题；城区覆盖分为宏覆盖和微覆盖（例如高层写字楼）；郊区覆盖主要解决偏远地区的无线传输问题。

热点高容量场景中，Massive MIMO 和高频段通信可以很好地结合，从而解决低频段的 Massive MIMO 天线尺寸大和高频段通信的覆盖能力差的问题。

广域覆盖的基站部署对天线阵列尺寸限制小，这使得在低频端应用大规模天线阵列成为可能，在这种情况下，大规模天线还能够发挥其高赋型增益、覆盖能力强等特点去提升小区边缘用户性能，使得系统达到一致性的用户体验。

5G 中会大量采用宏站和 Small Cell 协同的方式（如图 4-39 所示），宏基站对 Small Cell 小区进行控制和调度，多数用户由微小区的 Massive MIMO 提供服务，微小区无法服务的用户由宏站提供服务。

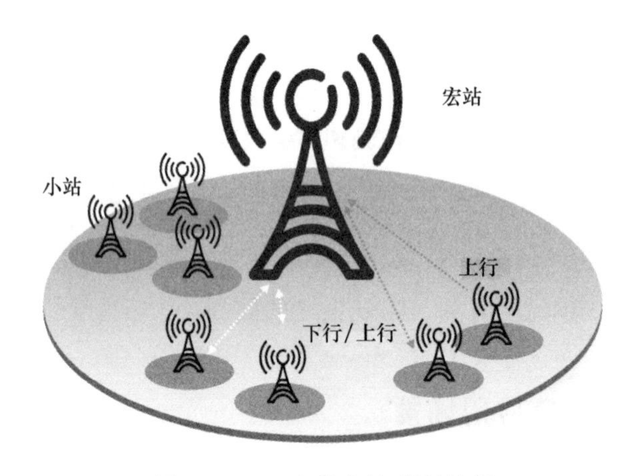

图 4-39　5G 中的宏站/微站协调

Massive MIMO 系统的部署，如图 4-40 所示，集中式天线和分布式天线都会有使用场景，在分布式场景中，重点需要考虑多根天线分布在区域内的联合处理及信令传输问题。

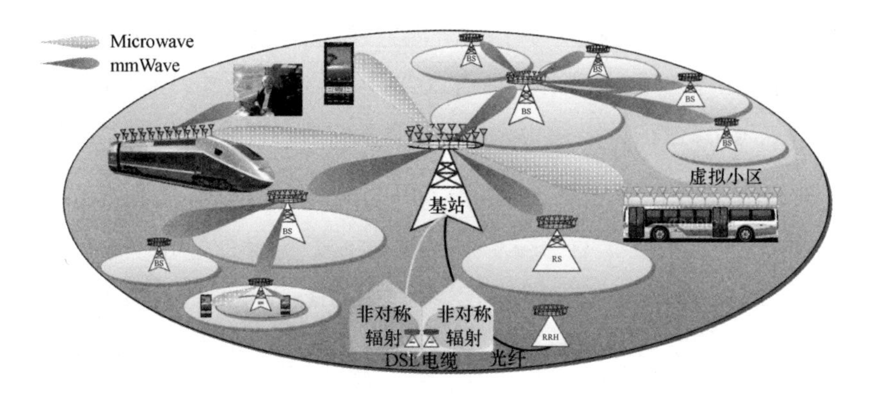

图 4-40 5G Massive MIMO 部署图

Massive MIMO 总结

未来 5G 系统采用 Massive MIMO 后，将数倍提升系统的频谱效率。Massive MIMO 通过智能阵列信号处理，可以同时形成多个极窄波束为多个用户服务，可有效降低用户间干扰，同时波束赋形实现了无线信号能量的定点投放，在保证用户信噪比的情况下，每个天线单元的发射功率可以大大降低，每个射频通道可以采用低功耗器件实现。

目前，Massive MIMO 技术依然不太成熟，未来要成功商用，需要在信道信息获取、信道测量与反馈、参考信号设计、天线阵列设计和码本设计等关键技术方面进行深入研究。

新频段

提升无线网络容量可以从提高频谱效率、增加网络密度和系统带宽等方面入手，其中获取新的频谱资源是最难的，但也是最有效的方式。

传统的技术改进和少量新频谱划分的方式，已经无法满足 5G 的频谱需求，据工业和信息化部预测，中国移动通信 2020 年面临的带宽缺口为 1GHz 左右。因此，5G 必须采用新型频谱，可能采用包括毫米波、已有频谱动态共享等技术。

根据世界无线电通信大会（World Radio Communication Conference）WRC-15 的研究，如图 4-41 所示，当前 6 GHz 以上频谱资源较为丰富，而且存在连续 500 M 的频谱带宽可供分配，因此 6 GHz 以上频段成为当前 5G 研究的热门内容。比如：采用 28 GHz、47 GHz 和 60 GHz 将可能用于微功率小区和室内覆盖，解决高密度数据量的热点覆盖需求。

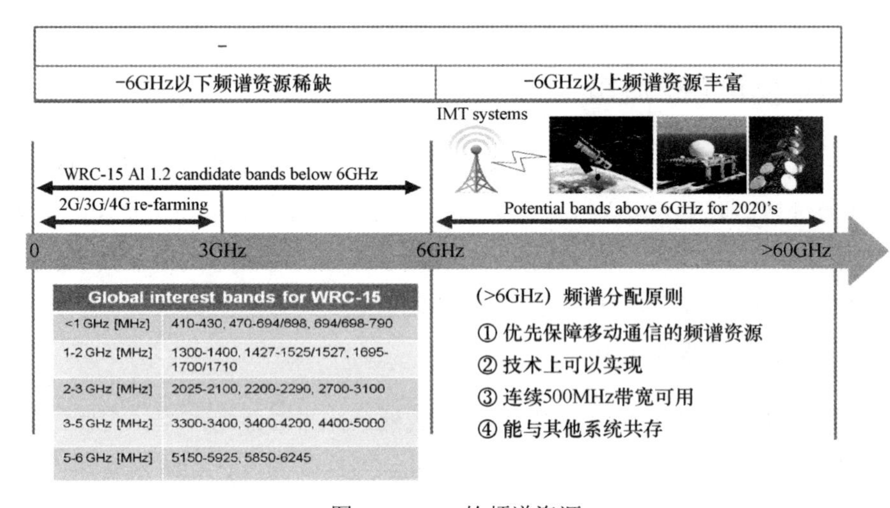

图 4-41　5G 的频谱资源

毫米波通信

- 什么是毫米波

毫米波频段是指频率 30 GHz 到 300 GHz，波长范围 1 mm 到 10 mm 的频谱资源，相对于现有的蜂窝网频谱，由于毫米波波长短，因而传输损耗更大。但采用毫米波频段，单位面积上发送机和接收机可以配置更多的天线，获得更大的波束成形增益，因此可以补偿额外的路径损耗。

- 为什么需要毫米波通信

如图 4-42 所示，当前商用的蜂窝频段主要在 3 GHz 以下，频谱资源十分拥挤，可用带宽有限，而高频段可用频谱资源丰富（在 3～300 GHz 约有 252 GHz 可用频段），能够有效缓解频谱资源紧张的现状，并满足 5G 容量和传输速率等方面的需求。

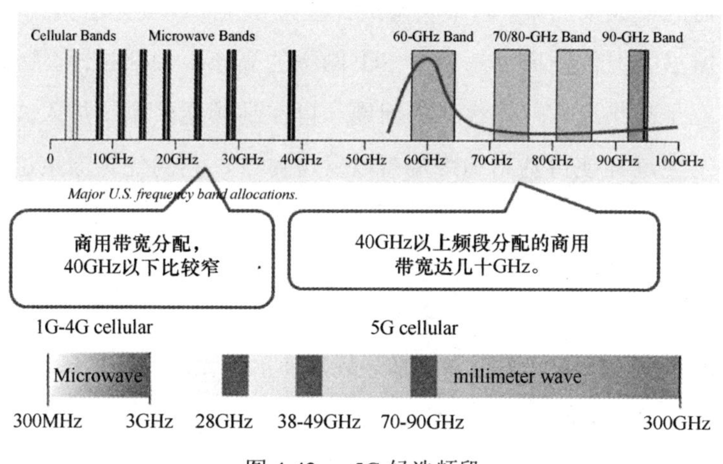

图 4-42　5G 候选频段

毫米波由于可用带宽大，天线增益高，波束窄，灵活可控，可以连接大量设备，已经成为 5G 中的热门。

- 毫米波存在的问题

毫米波存在传输距离短，穿透和绕射能力差，容易受到气候环境影响等缺点。自然环境中，雨水、树叶等都会大大阻碍毫米波的穿透，而且频率愈高的波段，衰减就愈严重，因此毫米波通常应用在比较短距离的通信需求方面（2公里内），或者遮蔽障碍物不多，空间小的场景（如家庭或办公室等场合）中。

为了弥补衰减严重的缺陷，通常需要使用多天线波束成形技术去补偿收发信号的增益。目前，毫米波通信在射频器件、系统设计等方面还面临很多难题，比如 CMOS 技术的研发、导波管设计、基板设计、电力耗损问题、晶片内部连接线的长度，以及频率偏差晃动等问题都需要突破。

采用高增益天线的基站，在获得权值前，无法利用优选波束覆盖到接收端，终端测量不准，通信双方不能以优选波束权值进行数据通信。移动环境对准高增益的窄波束困难，若不实现最优波束识别，终端无法完成小区驻留，或勉强驻留小区但传输质量差，与 5G 网络的高速率预期相悖。因此，波束识别、跟踪是高频通信普遍存在的问题。可在高频通信系统加入波束发现过程，通过发现过程使得基站和终端得以发现对方，利用优选波束进行高数据量通信。

- 毫米波应用场景

毫米波在 5G 中的应用场景包括：蜂窝通信，无线回传（Backhaul）。其中毫米波作为 Backhaul 有两种方式。

一种是普通 Backhaul，采用额外的频谱资源，相比有线 Backhaul，大大降低了密集部署的成本，但是也增加了传输节点的硬件成本，有遮档时，毫米波的信道质量将受到严重影响，这限制了站址的选择，降低了部署的灵活性。

另一种是增强 Backhaul，采用与接入链路相同的无线传输技术和频率资源的毫米波回传方案，Backhaul 链路与接入链路间进行动态资源分配；还可以和多天线技术结合，进一步扩展空域自由度；利用内容感知技术挖掘相同的服务请求，通过多播/广播提高资源使用效率。

可见光通信

- 什么是可见光通信

可见光通信（Visual Light Communication，VLC）是基于白光 LED 的短距离无线光通信技术，波长范围 380 nm 至 780 nm（带宽：400THz），VLC 将信息高速加载到 LED 光源上，传输至覆盖区域的接收终端，经过光电转换而获得信息，通信速率可达数 10Gbps。VLC 频谱分布如图 4-43 所示。

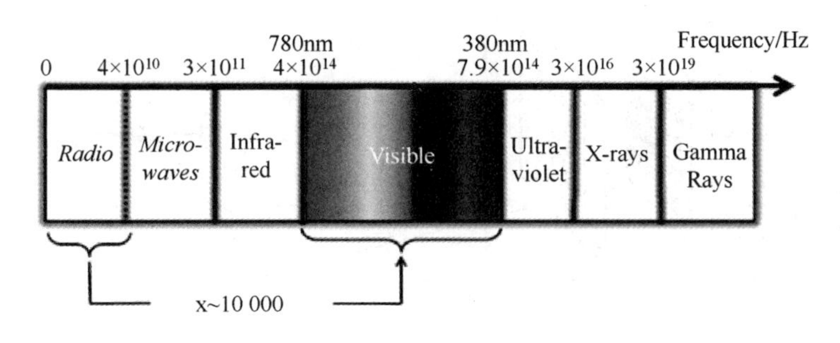

图 4-43　VLC 频谱

VLC 的传输频段宽（频谱带宽是无线电频谱带宽的万倍）、保密性强（不易穿透障碍物）、无电磁干扰、无需频谱认证，无电磁辐射和节约能源等优点，能够覆盖现有蜂窝通信、WiFi 和蓝牙等解决不了的场景。

- VLC 的原理

VLC 的原理如图 4-44 所示，其基本原理为：发射部分主要由白光 LED 光源和相应的信号处理单元组成，在发送端，基带数据通过电力线传送到发送设备中，LED 光源发出的已调制光以很大的发射角朝各个方向传播；在接收端，

利用光电探测器（PD）接收光信号，完成光/电信号的转换，最后解调转换过来的电信号并将其输出。接收端主要包括能对信号光源实现最佳接收的光学系统，将光信号还原成电信号的光电探测器（PD）和前置放大电路，以及将电信号转换成可被终端识别的信号处理和输出电路。

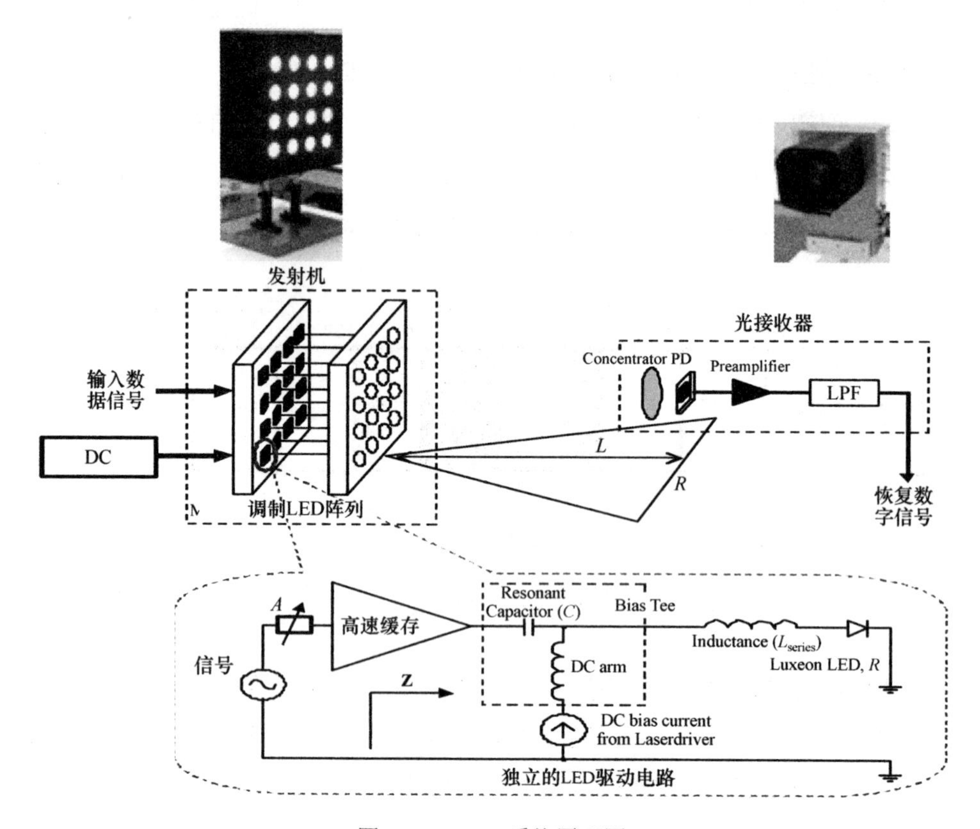

图 4-44　VLC 系统原理图

调制可以将数据转换到光脉冲信号上，PD、CMOS 和 CCD 通常可以用做光信号的接收机。LED 发射机实际上是一种光源的发射阵列，照明是 LED 的主要用途，通信则是 LED 的附加功能，采用 VLC 可以显著提升频谱效率，提高室内通信的传输速率，VLC 的性能可参见图 4-45。

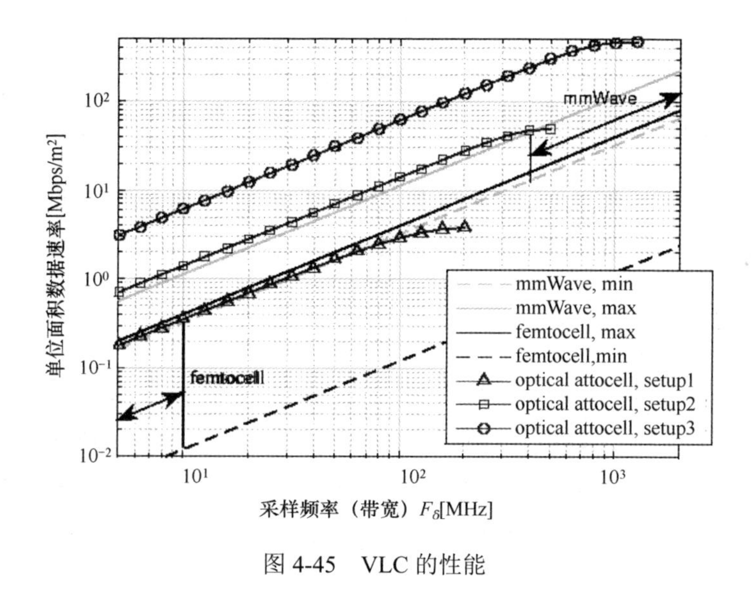

图 4-45　VLC 的性能

- VLC 的技术难点

当前，VLC 技术仍然不够成熟，要成功商用，需要克服一些技术难点。

✧　室内光源的布局

室内 VLC 系统，需要安装多个 LED 灯或 LED 阵列，克服阴影效应的影响，在 LED 光源“关闭”时，需要考虑采用低电流的电源供应促使微弱的光子流不断从 LED 光源中释放出来，保证无线通信系统正常工作。

✧　上行链路的实现技术

VLC 系统的上行链路是难点，目前有射频上行与光波上行两类方案。

✓　射频上行

射频上行以 WiFi 为典型方案，通过 VLC 与 WiFi 组成异构网络。WiFi 提供大范围的覆盖与上行链路，下行链路由 VLC 完成，WiFi 数据发送时的碰撞机率减少，相应上行传输吞吐量可大幅提高，并且当可见光接收机处于被遮挡位置时，射频链路可以短暂提供下行传输，以保证数据业务的实时性。

由于方案中依然采用了射频通信，射频上行会有电磁辐射，将无法用在电磁敏感环境，可见光通信的保密性也会大大减弱。

✓ 可见光上行

该方案中，上行和下行通信都采用可见光，系统的实现难度较大。VLC 下行中 LED 灯光必须散射，而终端的上行链路，不需要提供照明，因此需要瞄准上方的上行接收端，这限制了终端的移动性。另外，由于人眼的限制，上行功率不能太大，导致下行链路光的强度将远大于上行链路光的强度，因此下行信道会覆盖上行信道，对上行链路会产生严重干扰，所以该方案只适用某些特殊场景。

✓ 红外光上行

红外 LED 存在发光谱较宽，调制带宽仅有数兆赫兹，可达到的数据速率较低，发射功率半角小，光束较为集中等缺点，而且属于人眼较为敏感的波段，因而需要严格限制发射功率。

目前红外光用于 VLC 上行，也只是定位于移动终端的点对点间的直接传输，通信距离大多在 1 m 以内，难以直接用作室内可见光通信上行链路。

✧ 高性能调制解调技术

目前，VLC 的调制技术分为无载波方案和载波方案。无载波方案直接发射纳秒级的基带脉冲，无须载波调制，实现简单；载波方案将纳秒级的基带脉冲调制到一个或多个频率的光载波上进行传输。

为了提高可见光通信系统的整体性能和实现带宽资源的有效利用，针对可见光无线信道的频域选择的特性，日本 Nakagawa 教授等人在 LED 可见光通信窄带系统中提出了使用正交频分复用（Orthogonal Frequen-cy Division Multiplexing , OFDM）的宽带接入思想。

✧ 信道复用技术

光通信领域，主要有波分多址技术（WDMA）、时分多址技术（TDMA）和光码分多址技术（OCDMA ）。OCDMA 是在光域内的一种扩频技术，可以动态分配带宽资源，从而实现光信号的直接复用与交换。OCDMA 的保密性好，抗干扰能力强，是具有广阔前景的多址技术。在 LED 可见光通信中可采用非相干 OCDMA 系统。

- VLC 应用场景

如图 4-46 所示，VLC 在 5G 中存在广泛应用，不仅可以用于室内无线接

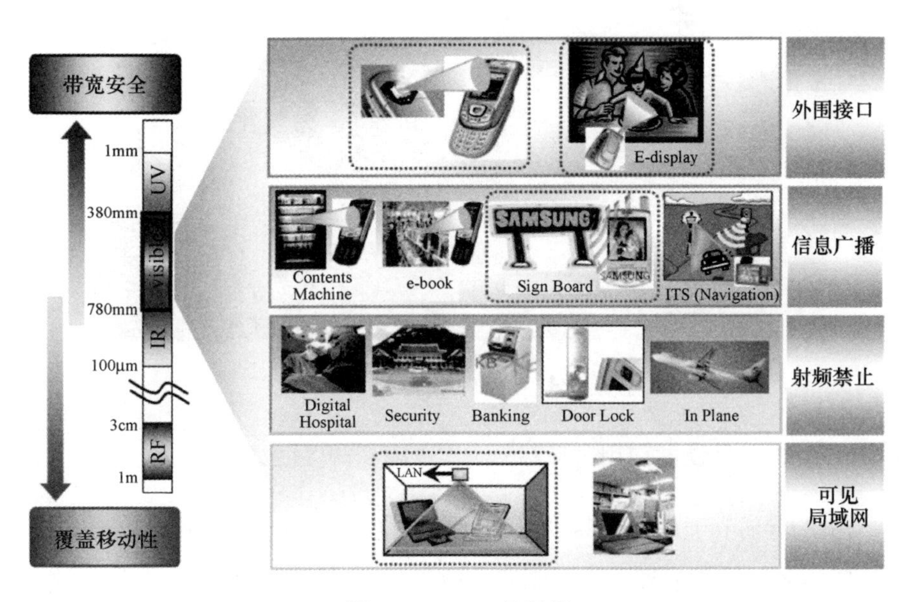

图 4-46 VLC 的场景

入网络，更可以用于智能家居、智能交通、实时数据采集、近场识别、安全支付和定位等各类应用场景。另外可见光通信可用于一些特定场景，例如：射频受限（航天、医疗应用等），安全特殊要求（采矿、油气田等），以及特殊区域（水下等）场景。

✧ 室内高速宽带接入

如图 4-47 所示，VLC 具有照明和通信功能，可利用室内照明设备代替无线局域网基站发射信号，其通信速率可达 Gbps，满足局域网内用户高速接入的问题。

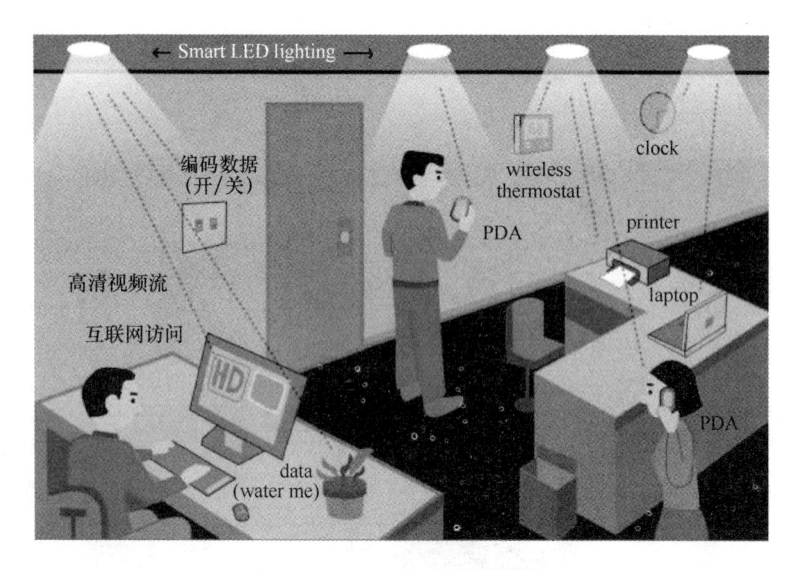

图 4-47　VLC 室内通信场景

✧ 飞机和高铁的应用

飞机的导航和通信系统易受射频信号干扰，给飞机飞行安全造成影响，采用 VLC 技术，飞机通过中央控制器接收卫星信号并将其输送到网络的接入点 LED 上，乘客座位上的 LED 阅读灯通过可见光与个人计算机和手机建立通信连接。

高铁由于速度高达300～400 km/h，需要频繁切换网络，而采用VLC技术，高铁将网络信号通过车厢的LED灯发送给用户，解决了用户频繁切换网络的问题。

✧ 汽车通信

如图4-48所示，汽车通信作为5G中的重要场景，可以使用VLC通信的方式来实现。由于汽车车灯系统和交通灯系统天然具有发光的特性，通过改造可以让交通灯和汽车，汽车和汽车之间实现交通位置信息的共享，构建智能交通通信系统。

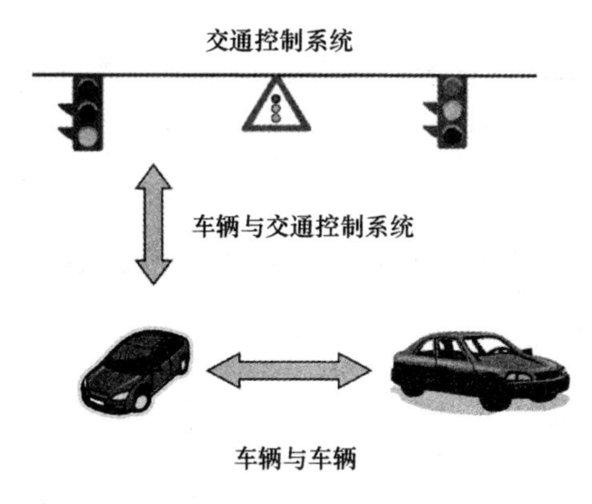

图4-48 VLC车联网场景

✧ 保密通信

如图4-49所示，VLC系统由于具有天然的防电磁泄露的特性，可以应用于保密通信业务，如近场支付、室内保密通信等，具有传统射频通信无可比拟的优势。

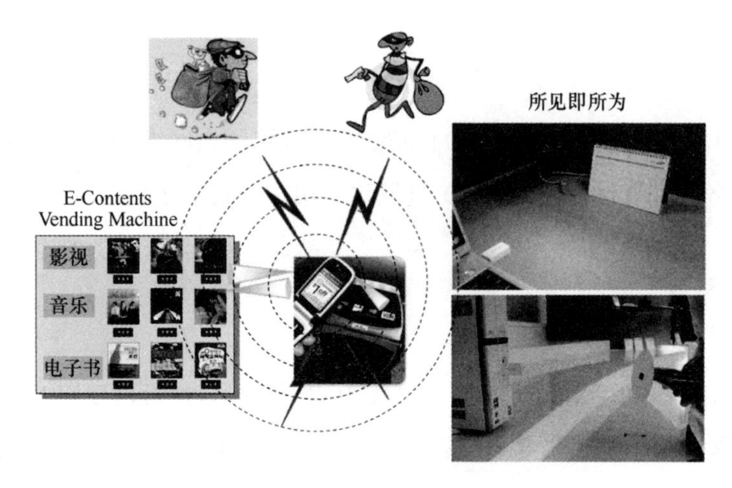

图 4-49　VLC 保密通信场景

✧　智能家居

VLC 也可以应用到智能家居领域，由于照明系统是家居的核心，通过 VLC LED 可以覆盖家庭的所有角落，成为智能家居的核心，从而控制家庭物联网上的任何终端（电器），如控制空调工作。由于通信和照明由 LED 来实现，可以节约能源和减少电磁辐射，因此，VLC 在智能家居领域具有很大的优势。

✧　室内购物导航

可见光通信可以用来解决室内导航的问题，利用装在吊顶 LED 灯的发射器向智能移动设备发出信号，提供室内地图坐标，用户根据导航系统，可以在大型场所快速找到路线。

频谱共享

无线通信对频谱资源的需求不断增长，同时无线通信用户的快速增长使得频谱资源的供需矛盾越来越凸显。根据ITU-RW P5D最新完成的关于WRC-15 IMT频谱需求的研究成果，截至2020年全球频谱需求为1340～1960 MHz。频谱资源的稀缺已经成为制约5G技术发展的瓶颈之一。

根据国家无线电监测中心的统计表明，5 GHz以下频段的使用率远远小于10%，说明5 GHz以下频段使用效率有很大的提升空间。

如图4-50所示，一方面频谱资源极度稀缺，另一方面频谱利用率却非常低下，存在空闲的频谱空洞。据美国联邦通信委员会（Federal Communication Commission，FCC）统计，频谱的平均利用率在15%～85%之间，频谱资源利用极不均衡，大部分频段利用率较低。如何解决频谱利用率不均的问题，实现频谱的共享和高效使用，也成为5G需要研究和解决的课题。

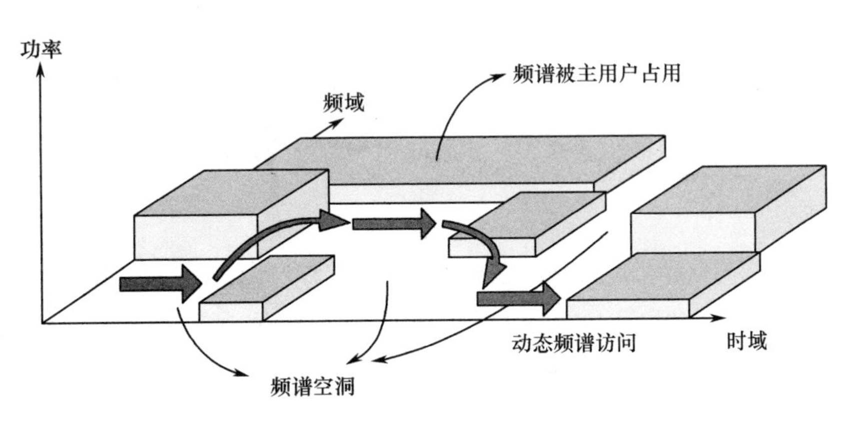

图4-50 频谱使用和频谱空洞

- 什么是频谱共享

频谱共享技术是一种提升频谱效率的技术，其目的是在有限的频谱内提供频谱动态接入的机制，包括基于业务的频谱避让机制、基于位置和电磁环境的智能频谱选择机制等，从而实现不同业务的共存，实现多个认知用户协同工作。

认知无线电（Cognitive Radio，CR）作为一种动态频谱接入技术（Dynamic Spermtrum Access，DSA），能有效缓解频谱资源紧缺的问题。它提高了频谱资源的利用率，并限制和降低了频谱冲突的发生，以灵活、智能、可重配置为显著特征，通过感知外界环境，并使用人工智能技术从环境中学习，有目的地实时改变某些操作参数（比如传输功率、载波频率和调制技术等），从而实现对无线频谱资源进行高效利用。

- CR 原理

2005 年，FCC 提出三种动态接入频谱技术：频谱感知（Spectrum Sensing）、地理频谱数据库（Geolocation Database）和信令广播（Beacon），这三种方式也成为 CR 的重点技术。

CR 核心思想就是通过频谱感知和系统的智能学习能力，实现动态频谱分配和频谱共享；CR 的次级用户动态地搜索频谱空穴进行通信，在主用户占用某个授权频段时，次级用户必须从该频段退出，去搜索其他空闲频段完成自己的通信。

CR 能够在宽频带上可靠地感知频谱环境，探测合法的授权用户的出现，能自适应地占用即时可用的本地频谱，同时在整个通信过程中不给用户带来有害干扰。认识无线电基本原理如图 4-51 所示。

频谱感知技术是指通过各种信号检测和处理手段来获取无线网络中的频谱使用信息。频谱感知是 CR 的基本功能，包含两个方面：带内检测和带外检测。从用户开始工作时就对当前工作频段感知，检测是否出现主用户，当出现主用户时进行快速的规避，避免对主用户形成干扰；对其他频段感知的目的是对周围其他频段的频谱使用状况进行测量。一方面，在当前工作频段不可用时，可以及时切换到其他可用的工作频段；另一方面，可以利用新的可用频谱资源扩展工作频段，从而提高传输速率和网络的容量。

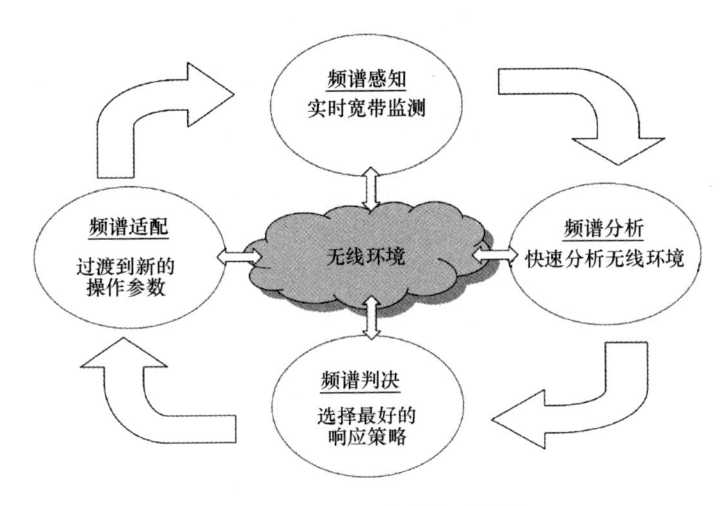

图 4-51　认识无线电基本原理

地理频谱数据库（如图 4-52），包含有授权用户的最新活动信息，以及用

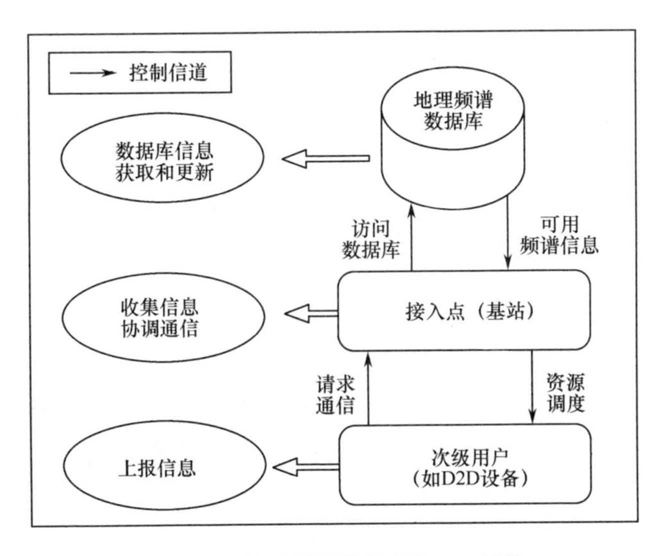

图 4-52　基于频谱数据库的 CR 架构

户设备的参数等信息，利用这些信息从而来确定特定地点在给定时刻的可用频谱信息。它是频谱管理部门较为推崇的一种动态频谱接入方式，主要原因在于频谱数据库易于管控，技术相对简单，商业运作方便，能够为网络提供可用频谱信息和共存信息，从而使得异构网络的共存成为可能。

基于地理频谱数据库解决异构网络的共存问题，其机理在于：

一是数据库通过模型预测或收集实测数据获得给定区域的频谱可用信息，相比用户自主检测更具可靠性；

二是通过建立次级用户网络的数据库，能够掌握次级用户的活动情况，数据库之间可以互连并实现共存信息的交互；

三是依据各个网络或设备间的共存信息，数据库利用设计的共存机制或算法实现资源调度和功率控制，协调网络或设备间的共存。

信令广播方式：授权用户在全网广播其所在信道是否可用，该方案会增加授权用户的额外负担，目前研究的关注度很低。

- CR 的关键技术

CR 的关键技术包括认知信息获取技术、动态频谱管理技术、信道估计与预测技术和自适应传输及重配置技术。

✧ 认知信息获取技术

CR 通过感知/检测空中信号频谱或访问频谱信息数据库等技术获取所处无线环境中的认知信息，如频谱空洞信息、网络服务信息等。

✧ 动态频谱管理技术

根据频谱空洞信息和信道容量估计信息，为 CR 用户分配频谱资源，兼顾公平与效益的原则。同时，多个认知无线电用户竞争资源时，或多个CR系统共存时，在竞争者之间进行协商，实现频谱共享。

✧ 信道估计与预测技术

根据从环境获取的频谱空洞信息，估计该CR系统或用户与通信对端在各频谱空洞上的信道状态，结合历史情况预测一段时间内的信道状态，并估计信道容量。

✧ 自适应传输及重配置技术

根据频谱空洞信息和信道容量估计信息，调整传输参数，如调制方式、发射功率等。自适应传输及重配置与动态频谱管理密切相关，在频谱分配中，需根据CR系统或用户可实现的传输能力和业务能力，决定某频谱空洞是否分配给该认知无线电系统或用户。

- 频谱共享总结

未来授权频谱是5G技术的基础，但在5 GHz附近和1 GHz以下仍有大量未授权频谱，通过使用频谱共享技术，可以使用大量未授权频谱和利用率低的频谱资源，从而满足5G的频谱需求，认知无线电（CR）作为优秀的频谱共享技术，未来在5G中会得到广泛应用。

第五章

5G网络关键技术

前面内容已说到5G的性能指标包括：0.1～1 Gbps的用户体验速率、100万每平方公里的连接数密度、毫秒级的端到端时延、每平方公里数十 Tbps的流量密度、数十 Gbps的峰值速率和500 km/h以上的移动速度。

5G 网络有多种部署场景，包括宏基站覆盖、微基站超密集组网、宏微联合覆盖，以及支持多种连接方式，如D2D、多跳连接、Mesh连接等，并能根据业务应用，如车联网（低时延高可靠通信场景）、M2M等，进行灵活部署和融合网络。5G的KPI和关键技术如图5-1所示。

要满足以上的性能和场景需求，除了需要更宽的频谱、更先进的无线接入技术外，还需要新型的无线网络架构，全新的网元功能形态，从而实现5G网络速度更快、时延更低、连接更多、效率更高的愿景。

目前，国际电信联盟（ITU），下一代移动通信网络（NGMN）联盟，欧洲的METIS、5GPPP项目，韩国5G Forum项目，日本2020&Beyond Ad Hoc项目，3GPP，中国IMT-2020工作组都开始进行 5G 网络及其架构的研究工作。当前，5G的网络架构还未成形，但全球标准组织对5G 架构的需求已经达成一些共识——灵活、高效、支持多样业务、实现网络即服务是5G架构设计的目标。

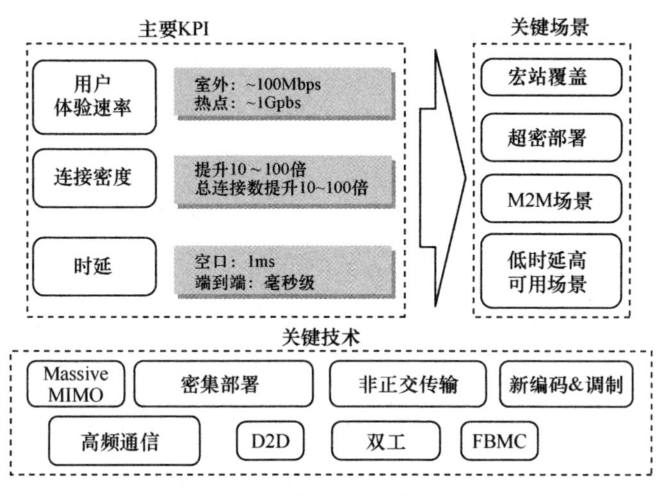

图 5-1　5G 的 KPI 和关键技术

在网络技术方面，集中化的、协作的、“云”化的无线接入网（Centralized Cooperative and Cloud Radio Access Network，C-RAN）技术，软件定义网络（Software-Defined Networking，SDN）/网络功能虚拟化（Network Functions Virtualization，NFV）技术，超密集网络（Ultra-Dense Network，UDN）技术，自组网（Self Organizing Network，SON）技术，Multi-RAT 技术，设备到设备（Device-to-Device，D2D）等是 5G 网络架构的候选关键技术，如图 5-2 所示。

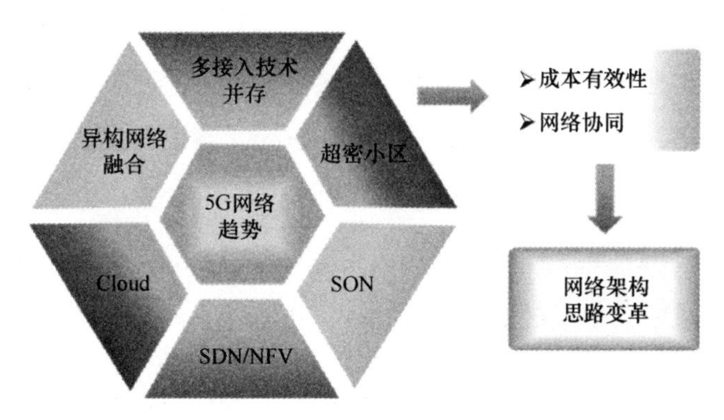

图 5-2　5G 网络架构候选技术

扁平化

回顾无线通信网络架构的发展，无论是接入网还是核心网，其架构都是朝简化和扁平化方向演进。以接入网为例，除了空口的革新外，架构也更加扁平化，如 LTE 就将 UMTS 的 Node B 与 RNC 融合为 eNode B。同样对核心网，由于网络 IP 化、扁平化趋势使得核心网的功能开始融入接入网，目前 5G 研究已经将接入网和核心网的功能融合列为重要的研究议题。

如图 5-3 所示，接入网与核心网的界限是否会被打破？

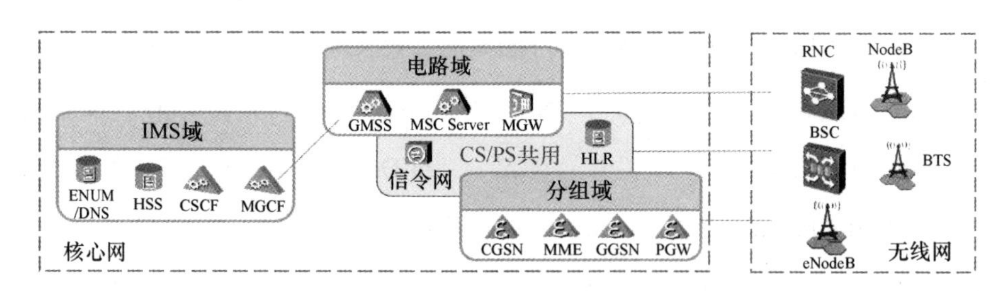

图 5-3　无线网络的形态

例如，在本地 IP 接入（Local IP Access，LIPA）架构中，PGW 的功能被集成在家庭基站（HeNB）上，实现了地址分配、路由的核心网功能与无线接入功能的融合；而在 3GPP R10 定义的中继功能中，为中继节点提供接入的 DeNB（Donor eNB）是具有核心网功能的三合一节点，对中继来说它是一个基站，且同时集成中继节点的 SGW 及 PGW 功能。

未来 5G 网络架构中，接入网和核心网的形态，甚至是否存在核心网都是正在研究的内容。

C-RAN

未来的 5G 无线接入网络会采用各种频谱资源进行接入，包括授权型物理频段，非授权型物理频段，5G 网络会将各种频谱资源纳入（无线接入与移动回传）统一的无线接入网络框架之中，相应的 5G 网络架构将成为一种全频谱接入的架构，如图 5-4 所示。

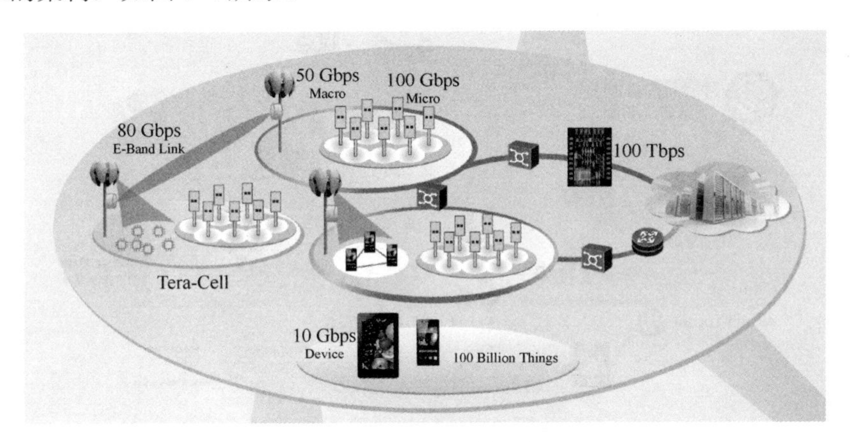

图 5-4　5G 全频谱接入网架构

5G 全频谱接入架构，必然是集中化、虚拟化的云网络架构，因此接入网的功能会上移到核心域，以便资源集中处理和优化。

C-RAN 作为接入网云架构的代表，将基带处理，接入网的连接管理、协议和信令、SON 的功能放在云端，与核心网的移动性管理及连接管理功能融合优化，成为软件定义空口的 5G 接入网架构。

什么是 C-RAN

云无线接入网络（C-RAN）是中国移动研究院在 2009 年提出的，它是一种基于集中化处理（Centralized Processing）、协作式无线电（Collaborative Radio）和实时云计算构架（Real-time Cloud Infrastructure）的无线接入网构架，其本质是采用协作化、虚拟化技术，实现资源共享和动态调度，提高频谱效率，以达到低成本、高带宽和灵活度的运营。

C-RAN 自提出以来得到了国内外的巨大关注，广大标准组织、运营商和设备商都积极参与其中。目前，C-RAN 已经形成了完整的产业链、覆盖芯片、设备制造、运营和标准等各个环节，如图 5-5 所示。

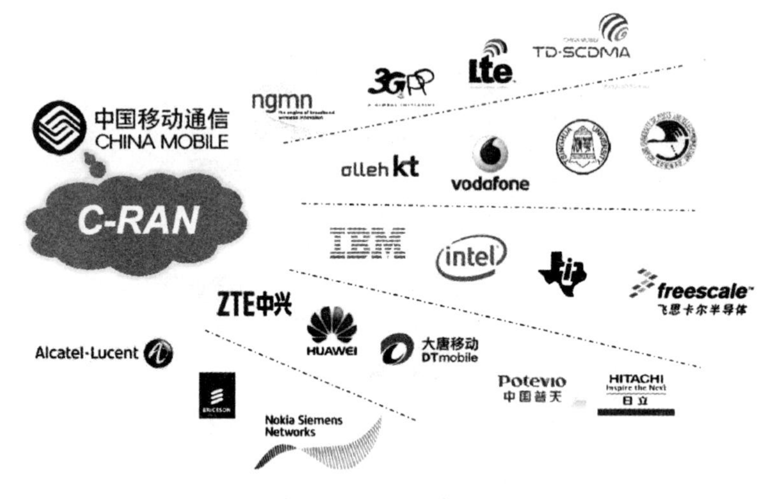

图 5-5　C-RAN 产业链

如图 5-6 所示，C-RAN 架构包括：

一是由远端无线射频单元（Radio Remote Unit，RRU）和天线组成的分布式无线网络；

二是高带宽、低延迟的光传输网；

三是由高性能通用处理器和实时虚拟技术组成的集中式基带资源池，即多个 BBU（Band Processing Unit）集中在一起，由云计算平台进行实时大规模信号处理，从而实现了 BBU 池。

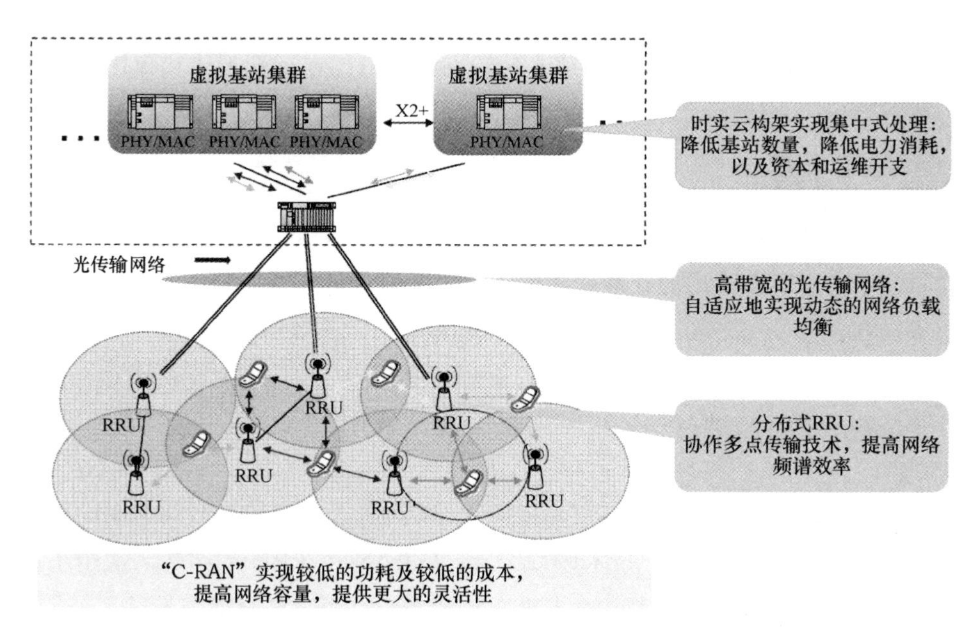

图 5-6　C-RAN 网络架构

其中，高带宽、低延迟的光传输网络将所有的基带处理单元和远端射频单元之间连接起来；基带资源池由通用高性能处理器构成，通过实时虚拟技术连接在一起，并具有非常强大的处理能力。

C-RAN 的原理

如图 5-7 所示，C-RAN 采用云计算的理念，设计了集中式基带云的架构，通过将 BBU 集中化，实时处理效率就越高，协作增益也就越大（多点协作会更容易），更易减少重叠覆盖的干扰，在提高能量效率和频谱效率方面具有显著的技术优势。

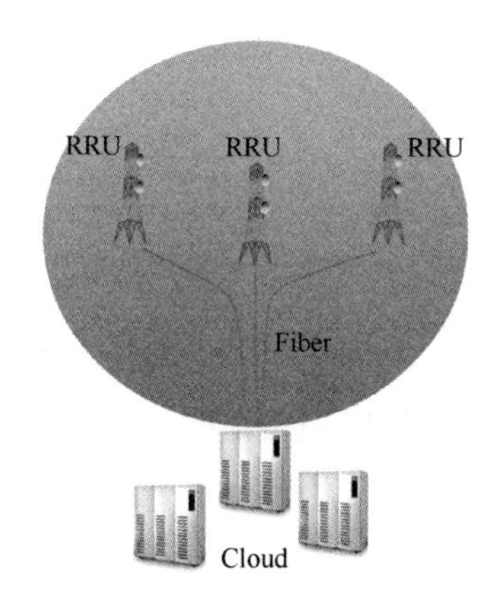

图 5-7　C-RAN 的原理

C-RAN 充分利用低成本高速光传输网络，直接在远端天线和集中化的中心节点间传送无线信号，以构建覆盖上百个基站服务区域，甚至上百平方公里的无线接入系统。

C-RAN 架构采用了协同技术，能够减少干扰，降低功耗，提升频谱效率，同时便于实现动态使用的智能化组网，集中处理降低了成本，而且便于维护，减少运营支出。

C-RAN 的关键技术

从网络功能的角度来看，实际上 C-RAN 拆分了无线接入网的控制面和数据面，因此很容易和 SDN 技术进行结合；C-RAN 中 RRU 的结构，决定了它的低建设成本与低维护成本，对未来布置超密小区而言是再适合不过了。

C-RAN 的关键技术包括：云基带和协作处理。

- 云基带

基带池云化的过程中，需要对现有的基带协议进行重新设计，如图 5-8 所示，以 LTE 为例，协议包括 RF、MAC、RRM 和准入控制等。在 C-RAN 架构中，RF 独立成 RRU 的一部分，PHY、MAC、RRM 和准入控制等功能都集中到云中了。

在 C-RAN 架构中，通过将无线网络的基带功能集中形成基带云，RRU 打破了和 BBU 的绑定关系。RRU 不属于任何一个固定的 BBU，BBU 形成的虚拟基带池，模糊化了小区的概念，RRU 只负责 AD 变换后的射频收发功能，RRU 收发的信号都在 BBU 基带池内的虚拟基带处理单元内进行处理，而虚拟基带是通过实时云计算的虚拟技术分配基带池的处理能力进行基带处理。动态基带池技术是集中化处理的关键，可以根据整个区域的话务数据，规划整个基带池的容量及 C-RAN 的拓扑结构；基带资源就可以在各基站内合理地动态调度，有效地提高基带利用率，实现潮汐功能，克服了不同时段、不同区域话务不均衡对网络的冲击；有效地解决无线网络中的“潮汐效应”，提升了资源利用率，大规模减少成本开销，方便快速部署；还可以进行大规模的 MIMO，进行快速和动态的网络重配。

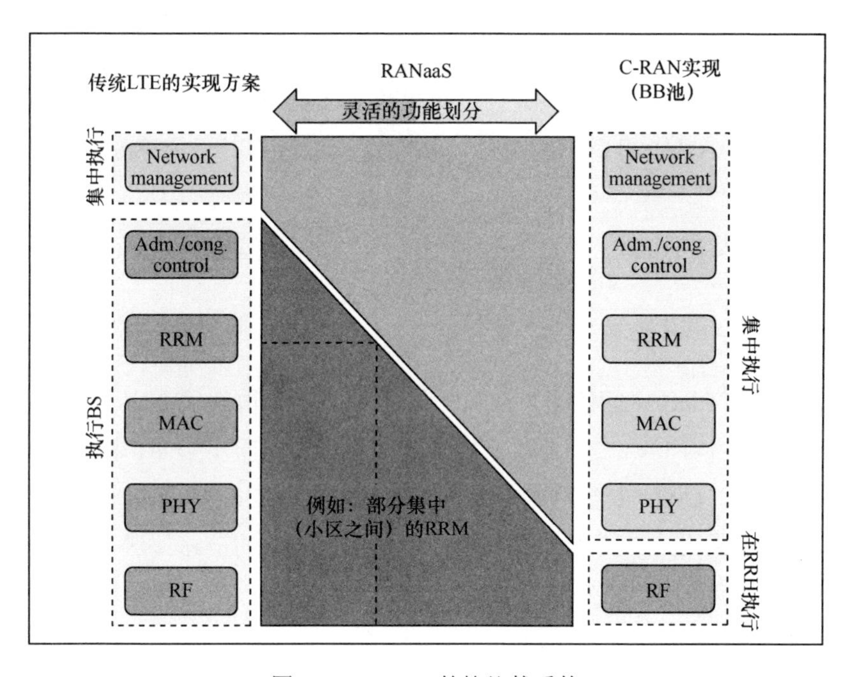

图 5-8　C-RAN 的协议栈重构

同时基带云也给 C-RAN 系统提出了挑战，比如不同天线之间如何进行同步，由于 RRU 和基带分离（射频模块和基带之间解耦，没有固定的绑定关系），带来信号的实时处理存在比较大的问题。在性能方面，相应的低时延和实时基带处理具有很多的挑战。云计算架构可以带来计算能力的极大提升，但是由于基带信号处理还没有很好的并行化算法，相应云计算的计算能力无法充分利用起来，对基带信号的并行化计算，如何满足实时的需求，还有很大的问题。

- 协作处理

C-RAN 架构，通过 BBU 池对来自 RRH（Remote Radio Head）或 RRU 的无线信号进行大规模协作处理，抑制 RRH/RRU 之间的干扰，降低功耗，提升频谱效率。

但是，由于 RRH/RRU 和 BBU 分离，造成 RRH 和 BBU 池间的去程链路容量受限，需要进行信号压缩处理，进而造成无线信号有损，损害了 COMP 性能。通过使用稀疏预编码处理，可以将 COMP 性能损失控制在极小的范围，显著降低了 COMP 计算的复杂度，从而便于进行实时云计算处理。

C-RAN 的挑战

- C-RAN 传输挑战

BBU 与 RRU 之间的接口协议为通用公共接口协议（CPRI），它规定了 BBU 与 RRU 一层（LI）、二层（L2）相关的用户平面、同步平面、控制和管理平面的接口信息。CPRI 主要用于短距离直连传输，而 C-RAN 将 CPRI 用于拉远传输，采用承载用户、同步、控制和管理等数据信息的链路传送，这对现有传输技术提出了苛刻要求，对现在正在运营的网络光纤等传输资源也提出了严峻挑战。CPRI 技术指标见表 5-1。

表 5-1　CPRI 技术指标

CPRI 性能指标	指标要求
带宽（Gbps）	CSM：1.228 8/2.457 6/6.144 TD—SCDMA：2.4576/6.144 TD—LTE：4.915/9.830 4
频率抖动/ppm	±0. 002
时延（μs/40km）	约 200
时间同步/ns	TD—SCDMA、TD—LTE：±150 GSM：无要求

目前的C-RAN架构，BBU主要集中在接入层或汇聚节点（综合接入节点），BBU 与 RRU 之间的去程（Fronthaul）链路的传输技术主要有光纤直驱、OTN/WDM 和 UniPON 三种方案（图 5-9）。如果考虑光纤资源消耗量，原子波分的解决方案是首选。

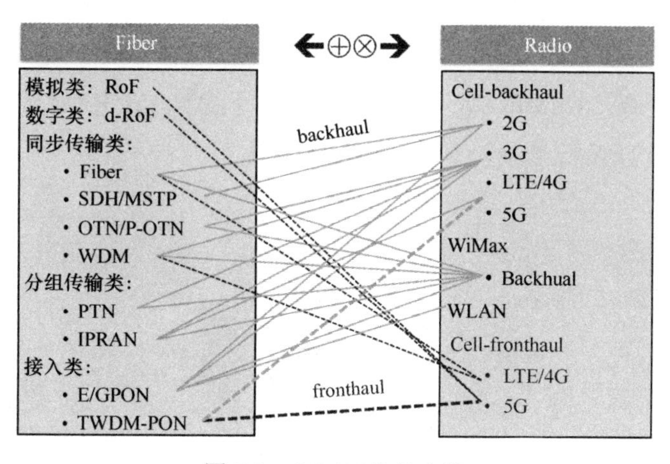

图 5-9　C-RAN 传输方案

- 小区内/间的协作

在移动通信系统中，移动用户在接收本小区基站发送信号的同时，还会受到相邻小区基站的信号干扰，尤其是边缘用户的区间干扰尤为严重。多点协作传输技术通过多基站间协作为用户提供通信，能有效消除小区间的干扰，提高小区的覆盖范围，避免了边缘用户出现掉话现象。但是，在多点协作传输技术中，基站需要获取相邻基站的信息（如用户的信道状态信息和业务数据），因此会造成巨大的无线回传开销。此外，在多基站联合信号处理时，要求多个基站发出的信号具有精确的时频同步，因而基站协作实现的复杂度高，实际应用难度较大。

C-RAN Based 5G 架构

目前，C-RAN 已经成为 5G 的基础架构，以 C-RAN 为中心（起点）融合云计算技术构建新型的 Coud-Based 5G 网络架构，可大幅度提升网络数据处理能力、转发能力和整个网络系统容量；而基于云计算的大数据处理，通过用户行为和业务特性的感知，实现业务和网络的深度融合，可以使 5G 网络更加智能化。

图 5-10 所示是一种以 C-RAN 为中心的 5G 网络架构，融合了异构网、分布式天线系统、CoMP、下一代绿色蜂窝网等技术。在 RRM 算法、信号处理、协议设计，以及覆盖改善上需要进一步突破。

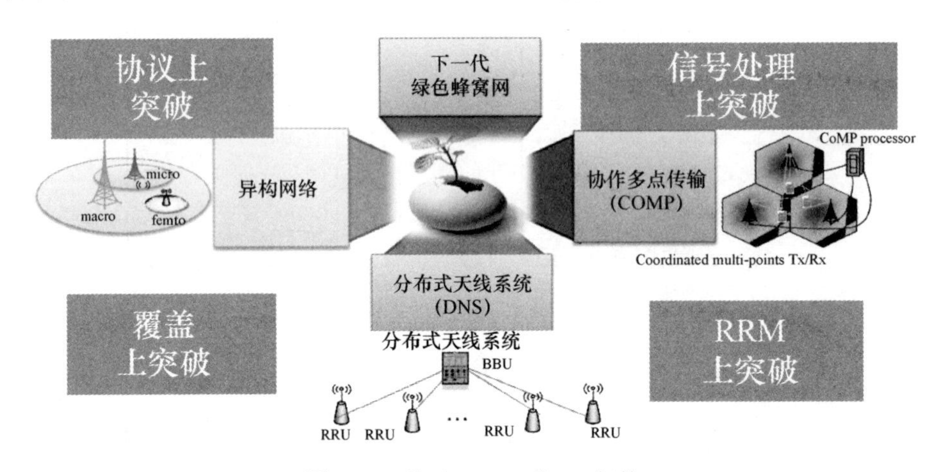

图 5-10　基于 CRAN 的 5G 架构

将云计算技术引入到 C-RAN 中，给 5G 蜂窝网络架构带来巨大影响。如图 5-11 所示，未来 5G 架构将会诞生灵活的无线接入云、智能开放的控制云、高效低成本的转发云。

- 接入云

通过云计算技术和无线接入网络组成接入云，实现无线接入网的控制与承载分离、接入资源集中协同管理、支持多种部署场景（集中/分布/无线 Mesh）、灵活的网络功能及拓扑。

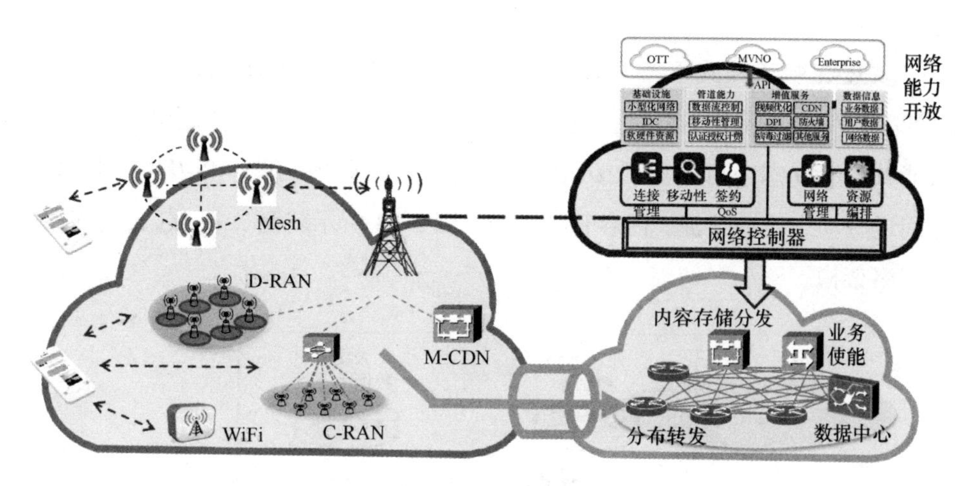

图 5-11　云化的 5G 网络架构

接入云关键技术包括：多种 RAT 混合接入，多连接接入，无线网络虚拟化，无缝切换，无线 Backhaul，频谱共享技术。

✧　多种 RAT 混合接入，多连接接入

通过引入集中控制器，实现多种 RAT 的核心网网元和接入网控制网元的集中化和统一化，在接入侧实现多 RAT 的协同传输，支持低成本网络节点，以及超密集部署。如图 5-12 所示，采用多 RAT 混合接入技术后，无线侧的控制功能和核心网侧的控制功能融合，形成无线控制云，实现对空口侧资源，以及核心网传输资源的统一管理。

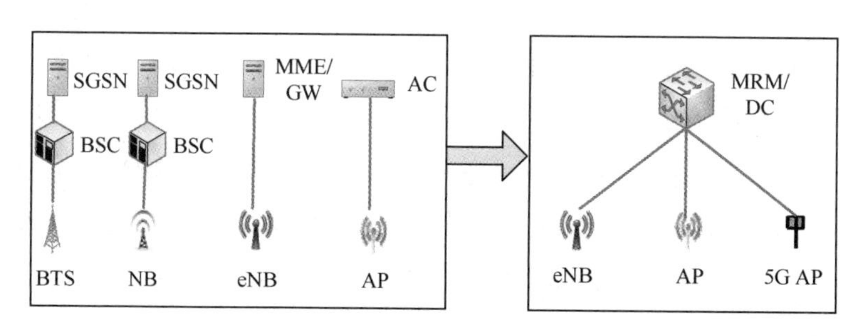

图 5-12　5G 多 RAT 接入网络架构

多 RAT 接入模式下，形成控制云，而由于不同的 RAT 接入制式，具有不同的空口协议，因此需要重新设计适合各种无线制式的融合控制协议，使得网络能够具有动态、可协商的接口配置与协议数据处理功能，以及在多种 RAT 之间进行动态业务分流，内容智能分发。图 5-13 所示就是一种 5G 自适应接入的网络架构。

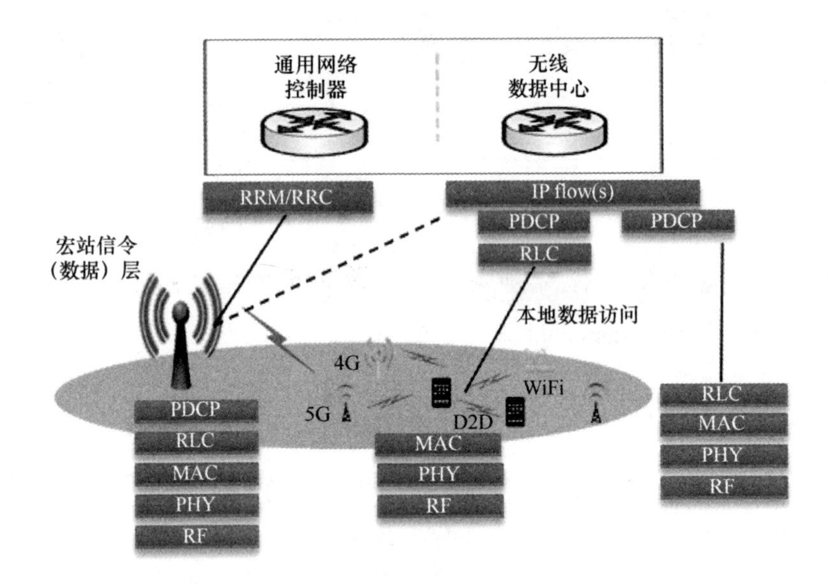

图 5-13　5G 自适应接入网络架构

✧　无线网络虚拟化技术

通过引入 SDN 的思想，对无线接入网络进行改造，将无线接入网的控制功能和数据转发功能进行分离，对控制功能采用软件进行重构，形成软件定义的无线空口。如图 5-14 所示，将无线网络中的 RRC、RRM、上下文管理和移动性管理功能等控制面功能独立出来，形成集中式的控制器来管理传统的无线基站（AP、Access Point）的数据转发处理功能（如 PDCP、RLC、MAC 和 PHY 等）。

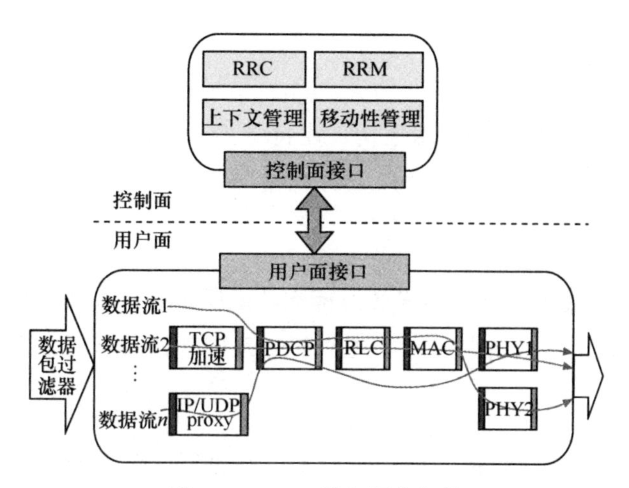

图 5-14　SDN 接入网络架构

接入网用 SDN 思想改造后，控制功能集中化和软件化，形成可编程能力，从而可以很方便地实现资源和网络功能的虚拟化，通过使用控制面的软件接口，可以动态调整网络拓扑来满足用户动态变化的业务传输需求，实现网络功能的定制化。图 5-15 是一种 5G 虚拟化网络的架构。

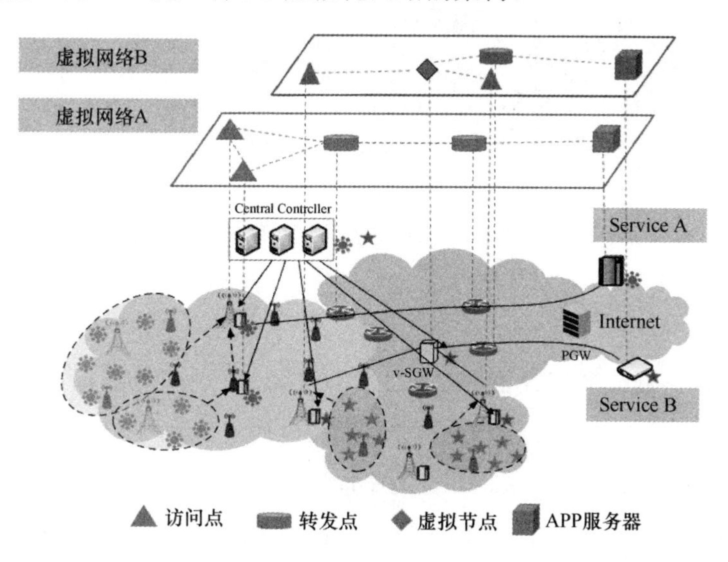

图 5-15　5G 虚拟化网络架构

◇ 无缝漫游

5G 网络是一种异构的网络架构，支持多接入、多制式的 RAT，因此无缝漫游（移动）成为 5G 的基本需求。5G 网络包括宏基站部署、微基站部署、宏微协同部署等场景。

其中尤以宏微基站混合部署最为特殊，该场景中，宏基站负责大覆盖，微基站负责高速接入。此外，宏基站还需要管理微基站间资源，该场景实现了覆盖与容量的分离。

如图 5-16 所示，目前宏微协同技术已经进行了广泛的研究，通常宏基站充当微基站间的接入集中控制模块，统一管理微基站间干扰和资源协同；而对于微基站超密集覆盖的场景，往往选择某一微基站负责其他多个微基站的接入集中控制和干扰协调。

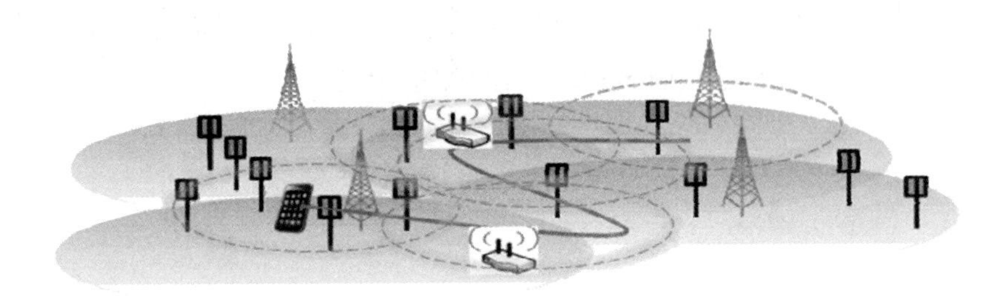

图 5-16　5G 宏微协同组网架构

◇ 无线 Backhaul

5G 网络的宏、微基站混合部署，导致大量微站需要高速接入到 Backhual，因此对 Backhual 的回传能力提供了巨大的挑战。传统的有线回传由于光纤资源的限制，以及部署不够灵活，已经不能适应宏微超密部署的场景，这就需要考虑新的 Backhaul 机制。当前大家研究比较多的方案是，小站通过无线回传连接到宏站，而宏站通过有线方式连接到后端的核心网，该方案由宏站管理微基站的无线 Backhual（小站到宏站的 Backhual），因此需要考虑站间信令协调、回传共享、回传资源管理、频谱共享（如采用 Unlicense 频谱用着微站到宏站的 Backhual）等技术。5G 宏微协同 Backhual 架构如图 5-17 所示。

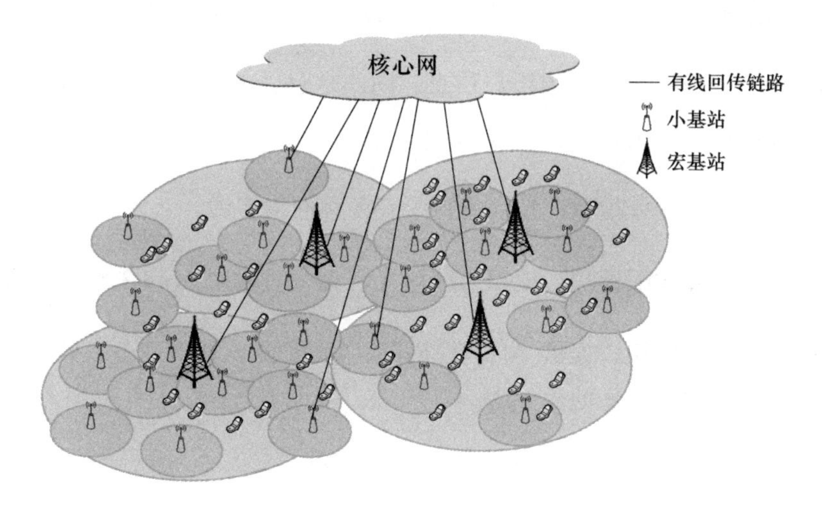

图 5-17　5G 宏微协同 Backhual 架构

- 控制云

通过采用 SDN 方法将无线网络的控制能力独立出来，形成单独的无线控制云，将分散的网络控制功能进一步集中和重构，功能模块软件化，网元虚拟化，并对外提供统一的网络能力开放接口。同时，控制云通过 API 接收来自接入云和转发云上报的网络状态信息，完成接入云和转发云的集中优化控制。

控制云作为 5G 网络的控制中心，功能上主要包括：无线资源管理模块、移动性管理模块、策略控制模块、信息模块、路径管理模块、网络资源编排模块、传统网元适配模块、能力开放模块等。

➢ 无线资源管理模块：系统内无线资源集中管理，跨系统无线资源集中管理，虚拟化无线资源配置。

- 移动性管理模块：跟踪用户位置、切换和寻呼等移动相关功能。
- 策略控制模块：接入网发现与选择策略、QoS 策略和计费策略等。
- 信息模块：用户签约信息、会话信息、大数据分析信息等。
- 路径管理模块：根据用户信息、网络信息、业务信息等制定业务流路径选择与定义。
- 网络资源编排模块：按需编排配置各种网络资源。
- 传统网元适配模块：模拟传统网元，支持对现网 3G/4G 网元的适配。
- 能力开放模块：提供 API 对外开放基础资源、增值业务、数据信息、运营支撑四大类网络能力。

- 转发云

通过 SDN 将无线网络进行改造后，核心网控制面与数据面的彻底分离，数据面更靠近基站（或者融合到基站中），实现数据流的高速转发与处理，其中数据面形成转发云，转发云根据控制云的集中控制，使 5G 网络能够根据用户业务需求，软件定义每个业务流转发路径，满足更好的用户业务体验。通过在转发云引入内容缓存，根据控制云下发的缓存策略实现缓存的部署，可以大大降低核心网的流量。

如图 5-18 所示，SDN 控制器（控制云）根据业务（用户需求），通过南向接口（控制云和转发云之间的接口）为用户选择转发设备，并根据流量控制算法等下发流表信息到转发云设备，从而控制转发云的流量转发行为，实现网络流量智能调度。例如，根据负载情况和业务需求，控制云下发策略到转发云，控制转发云进行智能动态选路，业务带宽提前预定，网络流量实时监控，URL 过滤，对视频流量进行优化，对数据流进行压缩适配，等等。

转发云需要周期或非周期地将网络状态信息通过 API 上报给控制云进行集中优化控制。考虑到控制云与转发云之间的传播时延，某些对时延要求特别严格的事件需要转发云进行本地处理。

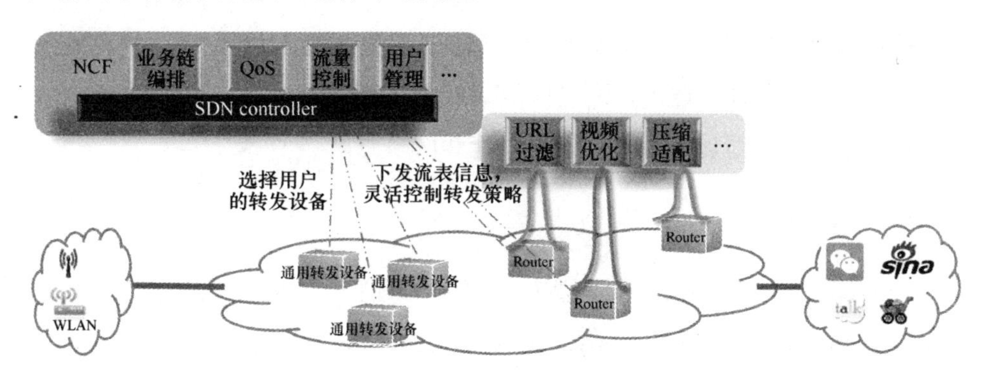

图 5-18　转发云架构图

SDN-RAN/NFV

SDN 起源于路由器，传统路由器等路由交换设备一直保持着由专有的硬件、专有的控制面软件和定制的特性软件所组成的垂直集成、封闭、“慢创新”的软硬件一体化架构。传统的路由器架构示意图如图 5-19 所示。

图 5-19　路由器架构示意图

其内部系统一般包括数据面和控制面两部分。

- 控制平面

控制面的功能主要由软件实现，包括操作系统和网络功能APP。操作系统屏蔽了底层转发硬件的逻辑，通过提供API接口的方式，供APP调用。APP通过调用API接口可以实现多种网络功能和网络协议。

- 转发平面

如图5-20所示，转发平面需要专门的转发硬件，以ASIC芯片为核心，主要通过对Routing FIB Table、MAC Table、ACL Table的查询，从而对过路报文进行转发处理。

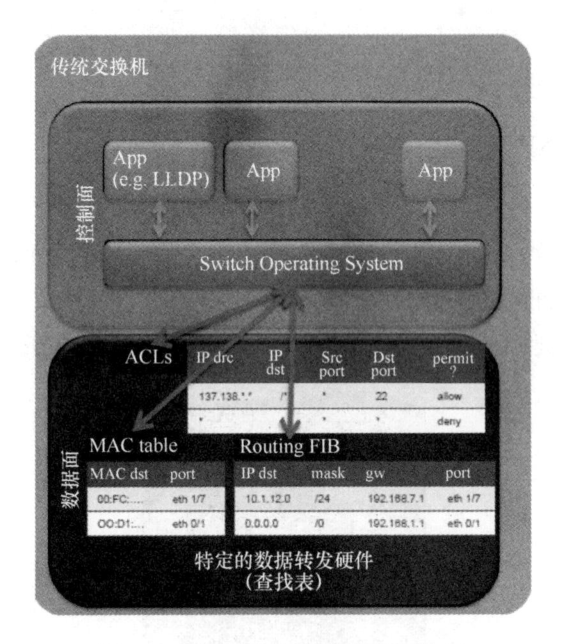

图5-20 路由器/交换机内部架构图

现有的网络架构复杂、刚性而昂贵，网元都是软硬件垂直一体化的封闭架构，网络功能不向上层应用开放，造成网络和业务形成了大量独立的“烟囱群”，网络的运营成本和建设成本居高不下，难以定制个性化的网络功能。过去 30 年，网络技术几乎没有大的创新，根源都是因为网络系统太过封闭。

什么是 SDN

为解决传统网络架构控制和转发一体的封闭架构而造成难以进行网络技术创新的问题，2007 年斯坦福大学提出了软件定义网络（Software Defined Network，SDN）的概念，其基本思想是：将路由器/交换机中的路由决策等控制功能从设备中独立出来，统一由集中的控制器来进行控制，从而实现控制和转发的分离。

SDN 提出后，得到产业界极大关注，包括设备商（Cisco、Huawei、Juniper、NEC 和 IBM 等），运营商（Version 和 T-Mobile 等），学术机构（ONF），互联网运营商（谷歌、腾讯和微软等）等都积极参与，构成一个完善的 SDN 生态系统，如图 5-21 所示。

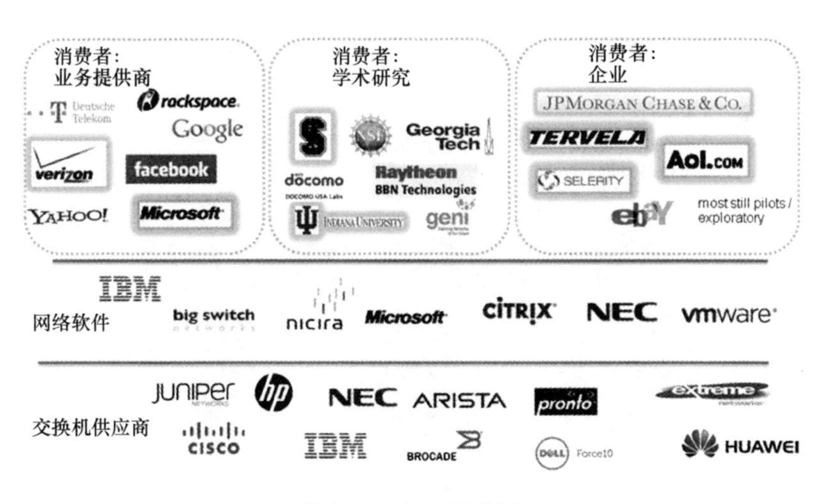

图 5-21 SDN 产业链

SDN 的结构如图 5-22 所示，分为应用层、控制层、基础设施层。其中，基础设施层由多个转发设备组成；控制层由 SDN 控制软件组成，与基础设施层之间通过 Openflow 协议进行通信，实现对网络节点的控制，控制层同时还对应用层提供 API 访问功能；应用层则由不同的应用逻辑组成，通过控制层开放的 API 控制设备的报文转发。SDN 是一种集中式的架构，通过采用全局集中式的路由控制，实现全网资源的高效调度。

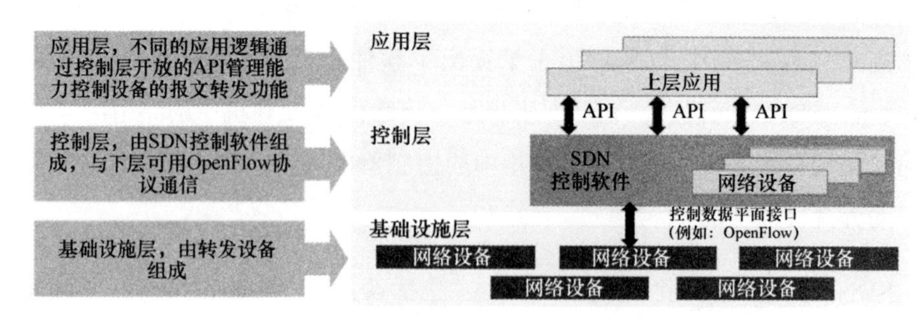

图 5-22　SDN 架构

SDN 在 IT 领域发展非常迅猛，通信技术研究人员也开始考虑用 SDN 去改造现有的移动通信网络，如图 5-23 所示。在 4G 系统中开始引入了 SDN 的思想，将数据平面与控制平面分离，并把控制功能集中化，使网络管理更加灵活。

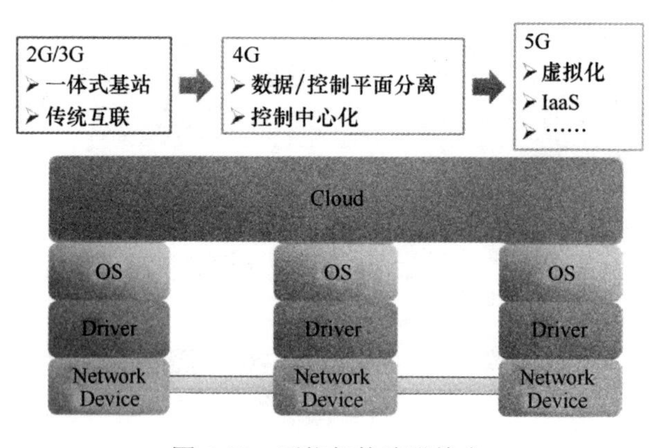

图 5-23　网络架构演进特点

在 5G 时代，SDN 的重要性更加突出，特别是 SDN 和 NFV（网络功能虚拟化）的结合，会给 5G 的网络架构带来极大的活力。

SDN 的核心技术

SDN 有三个核心理念（图 5-24）：控制和转发分离，集中化的网络控制（集中控制），开放的编程接口（API）。

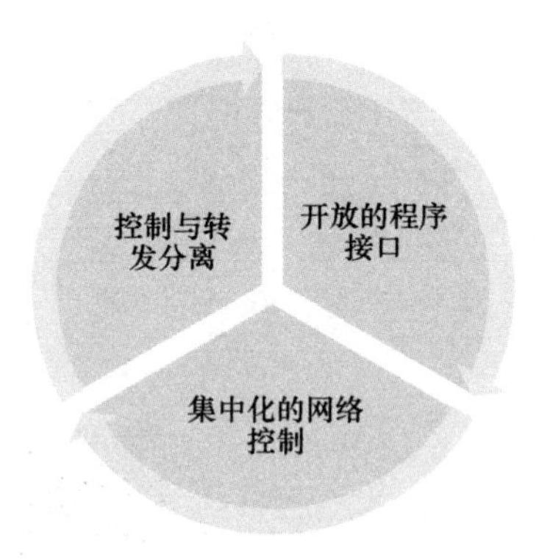

图 5-24　SDN 的核心理念

- 控制和转发分离：通过使控制层脱离网络硬件设备，可以实现软硬件解耦，加快网络功能的创新。
- 集中控制：通过控制功能集中化，可以实现资源池化，全局优化网络的行为。
- 开放的 API：通过将网络能力采用北向接口开放给开发者，可以催生产业链，推动网络产业的创新发展。

需要指出，SDN 和硬件转发行为标准化，硬件编程接口（南向接口）标准化，控制面与转发面必须物理上分离，SDN 硬件和开源没有必然关系，更不可以将 SDN 与上述内容等同起来。

目前，SDN已经在互联网领域得到了广泛的应用，包括Google、Facebook、Vmware和腾讯等都在SDN进行了广泛实践。以Google"仙女座（Andromeda）"项目为代表，其在数据中心采用SDN技术提供虚拟网络服务，Google的验证结果表明："已经看到逻辑集中及分层的控制与分布式的数据比全分布更优"。如图5-25所示，Google的几个关键服务系统均采用这种架构，如GFS数据处理平台、Bigtable、B4WAN网络。

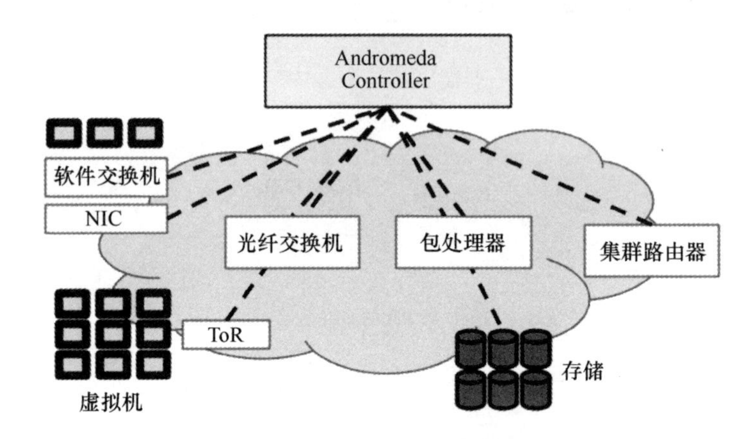

图5-25 Google Andromeda架构

软件定义无线接入网络

尽管SDN起源于数据通信网络，但是SDN的思想已经影响了无线接入网络，斯坦福大学的Sachin Katti教授在2012年发布了论文"OpenRadio：A Programmable Wireless DataPlane"（图5-26），其中就提出了一种可编程的SDN Based Wireless架构，通过采用控制和承载分离的思想，将基站的无线协议栈进行改造，使OpenRadio的基站系统。

如图5-27所示，OpenRadio的架构和SDN的思想一脉相承，通过将无线网络中的基站和核心网功能进行改造，将其中的控制功能集中化，形成无线网络操作系统，该 OS 可以对外提供底层无线基站和无线核心网转发设备的控制 API 接口，基于该 API 可以对网络进行移动性管理，控制数据流的转发，控制无线网络空口资源调度，等等。

OpenRadio: A Programmable Wireless Dataplane

Manu Bansal, Jeffrey Mehlman, Sachin Katti, Philip Levis
Stanford University
{manub, jmehlman, skatti}@stanford.edu, pal@cs.stanford.edu

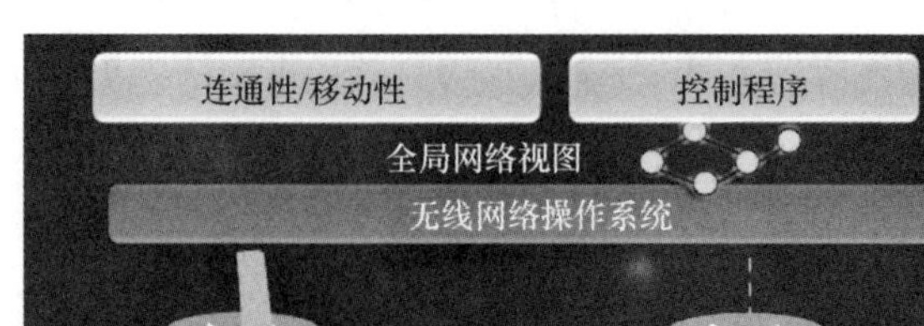

Abstract

We present OpenRadio, a novel design for a programmable wireless dataplane that provides modular and declarative programming interfaces across the entire wireless stack. Our key conceptual contribution is a principled refactoring of wireless protocols into processing and decision planes. The processing plane includes directed graphs of algorithmic actions (eg. 54Mbps OFDM WiFi or special encoding for video). The decision plane contains the logic which dictates which directed graph is used for a particular packet (eg. picking between data and video graphs). The decou-

a deployed operational network, operators and vendors need to continuously optimize the network to handle problems such as inter-cell interference, new traffic classes such as video and so on. For example, operators need to implement management mechanisms that dynamically adjust spectrum and power allocation at neighboring basestations at a fine-grained subcarrier level on timescales of hundreds of milliseconds to ensure that mobile handsets at the edge of both cell-sites are not adversely affected. Similarly, to cope with the growing popularity of video over spectrum starved cellular networks, operators would prefer to use a PHY layer optimization such as unequal error protection (UEP) - where certain frames (I-

图 5-26　OpenRadio 论文

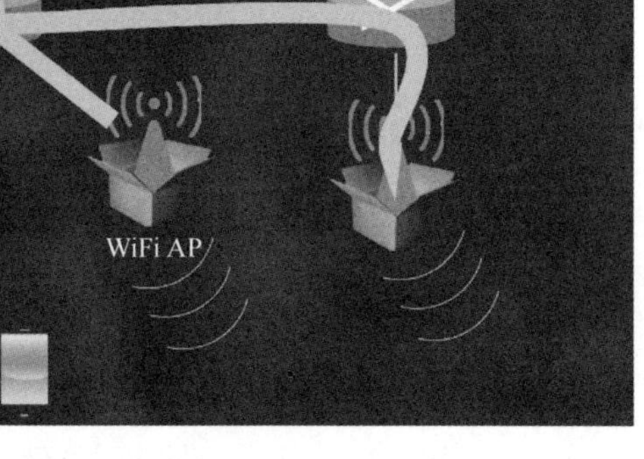

图 5-27　OpenRadio 架构

受SDN的启发，OpenRadio在无线接入网SDN化做出的探索，使得未来的软件定义无线网络中，将控制平面从网络设备（基站，无线AP等）的硬件中分离出来，使集中控制成为一种趋势，未来无线网络设备只需要根据中心无线网络控制器的指令完成数据的收发处理，这样可以更方便地控制网络行为，更好地进行业务创新。

5G无线接入网络架构，采用控制面与数据面分离的思想，如图5-28所示。一方面，通过覆盖与容量的分离，5G网络通过密集/超密集组网的无线接入节点来进行高速数据传输，而系统信息则通过覆盖层提供，从而实现未来网络对于覆盖和容量的单独优化设计，实现根据业务需求灵活扩展控制面和数据面资源，满足5G中海量链接和超密网络的需求。另一方面，通过将基站的部分无线控制功能进行抽离和分簇化集中式控制，实现簇内小区间干扰协调、无线资源协同、跨制式网络协同等智能化管理，构建以用户为中心的虚拟小区。在此基础上，通过簇内集中控制、簇间分布式协同等机制，使得大规模用户/天线/基站之间的协作成为可能，也为全网和单点优化提供了更多的参考信息，从而为未来波束赋形技术，高级/先进的天线/大规模天线阵列技术的实现提供了支持。

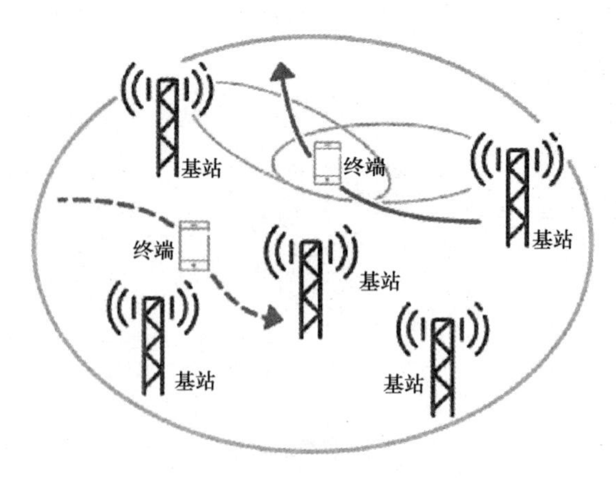

图5-28　C/U分离的5G网络架构

在软件定义无线网络中，基站资源的虚拟化成为当前最热门的内容，通过将时域、频域、码域、空域和功率域等资源抽象成虚拟无线网络资源，进行虚拟无线网络资源切片管理，形成基站的虚拟化，依据虚拟运营/业务/用户定制化需求，实现虚拟无线资源灵活分配与控制（隔离与共享）。虚拟化的基站将会完全消除传统通信基站的边界效应，从而提升终端用户在小区边界处的业务使用体验（图 5-29），传统的蜂窝移动通信架构是一种以基站为中心的网络覆盖，在小区中心位置通信效果较好，而移动到边缘位置的过程中，无线链路的性能会急剧地下降。采用虚拟化技术后，终端接入小区将由网络来为用户产生合适的虚拟基站，以及网络来调度基站为用户提供无线接入服务，形成以终端用户为中心的网络覆盖，这样传统蜂窝移动通信网络的基站边界效应将会不复存在。

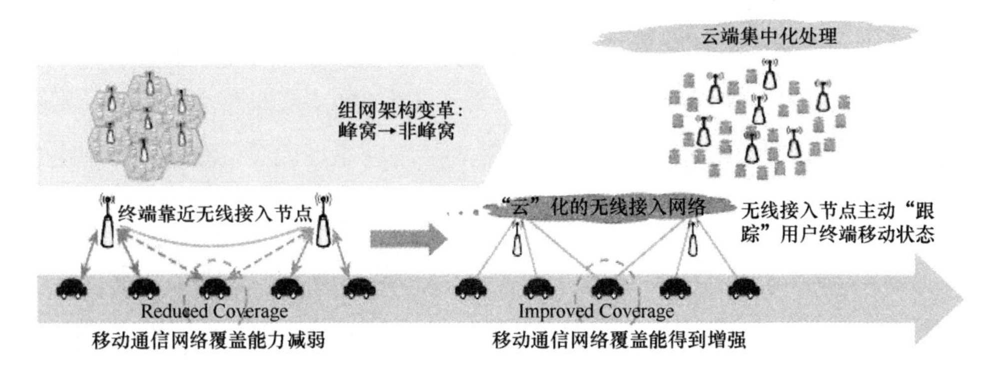

图 5-29　5G 基站虚拟化理念

大量的虚拟基站组成虚拟化的无线网络，不同的运营商可以通过中心控制器实现对同一个网络设备的控制，支持基础设施共享，从而降低成本提高效益，目前基站虚拟化还面临资源分片和信道隔离、监控与状态报告和切换等技术的挑战，未来 5G 必须要解决这些技术难题。

现有的无线网络架构中，无线资源管理、移动性管理等都是分布式的控制，网络没有中心式的控制器，使得无线业务的优化并没有形成一个统一的控制，并且由于需要复杂的控制协议来完成对无线资源的配置管理，采用中心控制器后，对不同接入技术构成的异构网络的无线资源管理、网络协同优化、业务创新变得更为方便，未来5G接入网引入SDN是重要的方向。

软件定义核心网

回顾核心网的发展史，都是围绕着控制、承载和业务而分分合合。当前的LTE移动分组网络，尽管部分控制功能独立出来了，但是分组网关依然采用的紧藕合架构，这样当控制功能集中而分组网关下沉时，将带来信令的长距离交互，未来5G的核心网的演进和SDN的一脉相承，通过将分、组网的功能重构，进一步进行控制和承载分离式，将网关的控制功能进一步集中化，可以简化网关转发面的设计，实现网络功能组合的全局灵活调度，包括移动性管理、流量处理能力（视频优化、URL过滤等），进而实现网络功能及资源管理和调度的最优化。

5G 核心网的控制面集中化，实现软件和硬件的解耦，使得网络能够根据网络状态和业务特征等信息，实现灵活细致的数据流路由控制。通过利用 IT 虚拟化技术，可以将核心网设备迁移到高性能服务器，将核心网网元功能从专用硬件移植到通用虚拟机平台。目前各大设备商都已经推出了诸多核心网虚拟化的商品，比如vIMS、Cloud-EPC等。SDN EPC核心网架构如图5-30所示。

核心网的控制平面中，集中式网络控制器负责把网络分离后的流量分配给转发平面的网元，控制功能集中化可以获取全局拓扑、实现无隧道、与接入技术无关，实现无固定锚点、可优化路由、拓扑感知、路由决策和协议等功能。

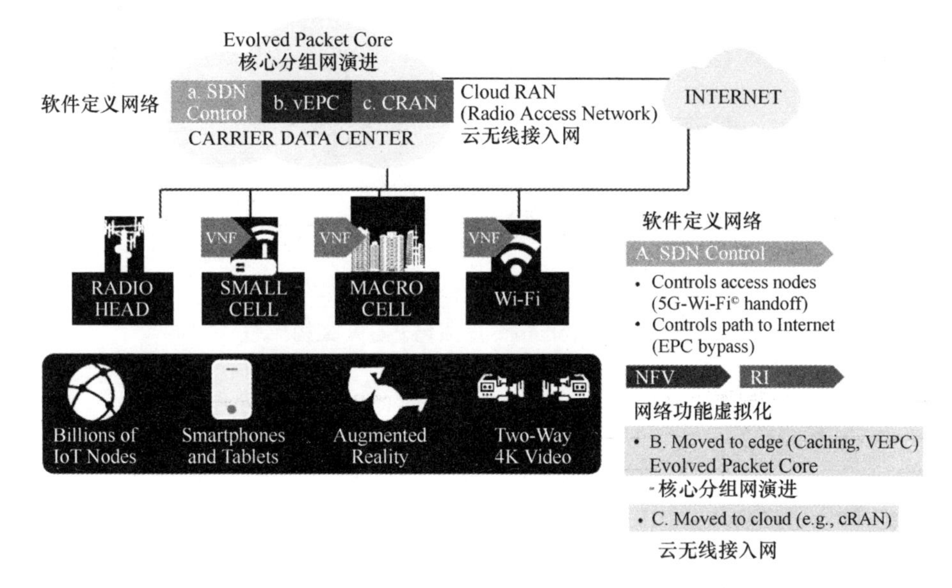

图 5-30 SDN EPC 核心网架构

未来5G网络，核心网的控制面将会和无线接入网的控制面深度融合，如和 CRAN 架构结合后，无线接入网的部分控制功能可以移到云端，从而和vEPC，SDN Controller 形成软件定义的数据中心，通过该数据中心统一控制无线接入网和核心网，可以更便捷地实现网络功能虚拟化（NFV），从而提升运营商网络的价值。

在核心网的 SDN 化中，设备商和运营商都非常积极，比如 NFV 案例（见图 5-31）：Vodafone 已有虚拟化 P-GW 设备商用，Vodafone 采用 HP 的通用服务器 C7000，操作系统使用 VMware，验证了核心网软硬件分离功能，以及基于 SDN 的 Service Chain。

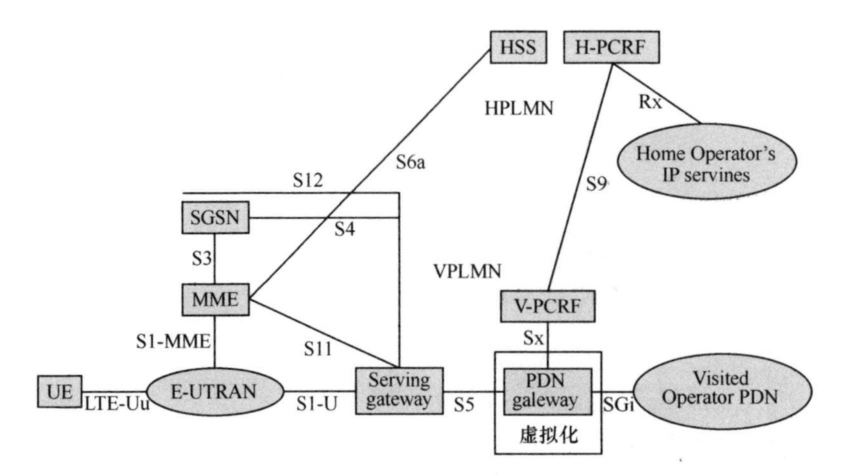

图 5-31　Vodafone 虚拟化 P-GW 架构

什么是 NFV

- NFV 的概念

2012年10月，ETSI成立了NFV-ISG，致力于推动网络功能虚拟化（Network Function Virtualization，NFV），ETSI NFV ISG 关注的主要问题包括网络功能分类、NFV 架构、性能、可移植性/可复制性、编排和管理、安全、接口及 Hypervisor 等，如图 5-32。

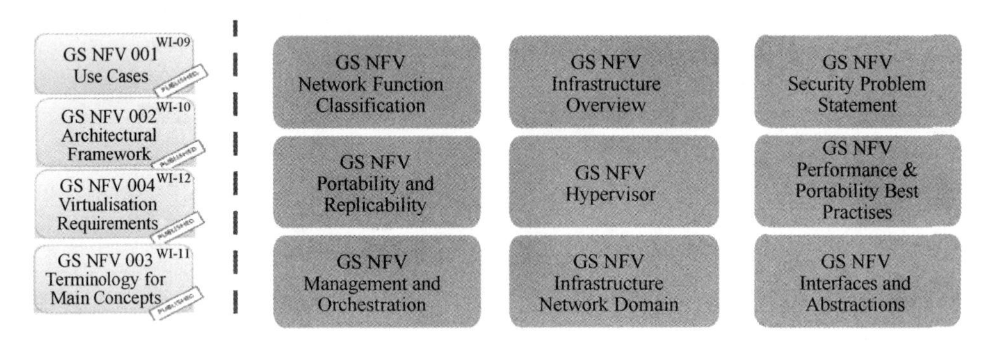

图 5-32　NFV-ISG 关注内容

ETSI 提出的通用 NFV 网络架构，如图 5-33 所示，包括虚拟化资源架构层、虚拟化网络功能层、OSS/BSS 及协同层、NFV 管理和编排功能层。其中 NFV 管理和编排是整个 NFV 的核心，当前 NFV 的解决方案，大多是采用云计算和虚拟化技术，将传统的网元软件部署到虚拟机上，实现对硬件资源更高效的利用，目前核心网的虚拟化是 NFV 的关注点。

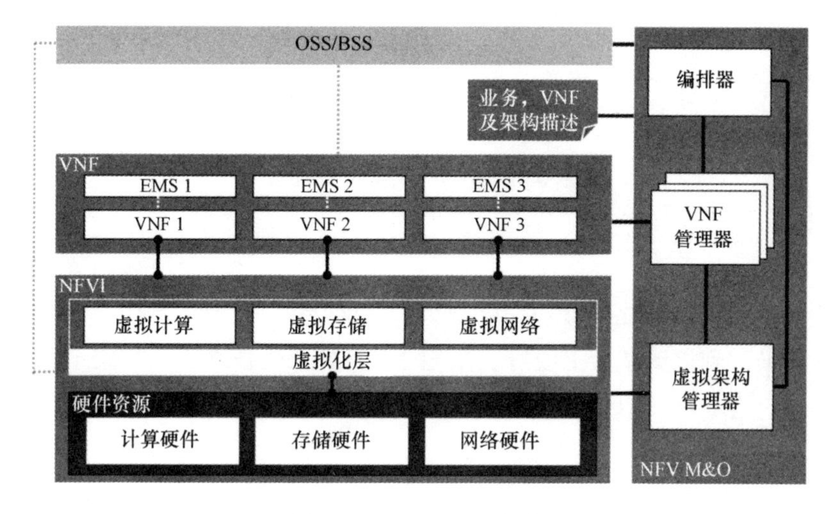

图 5-33　ETSI NFV 架构

NFV 及 SDN 成为业界关注的热点，也被认为是 5G 网络中对网络架构产生影响的主要技术驱动力。但是其目前对 5G 的架构的影响，还在探索中。

- NFV 的挑战

✧　数据转发性能

虚拟化核心网采用通用服务器和虚拟化软件，其性能相比传统的专用板卡存在较大的性能损失（大概有 30%～40%的性能损失），其瓶颈主要集中在 I/O 接口数据转发上，NFV 需要深入研究底层设备定制，操作系统优化，业务层软件优化等技术来提升转发性能。NFV 和设备定制比较如图 5-34 所示。

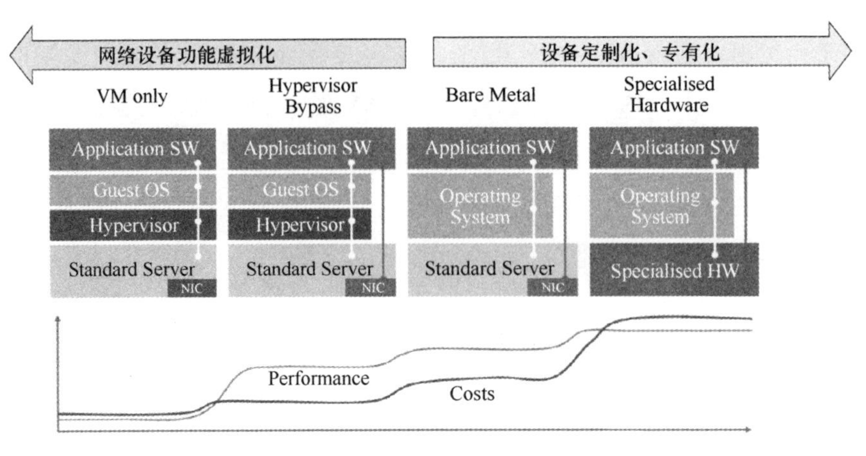

图 5-34　NFV 和设备定制比较

✧　业务部署方式

传统的网络业务部署需要经过漫长的流程，包括：业务网络容量测算，硬件设备集采，到货调试，上线等。采用 NFV 虚拟化技术后，打破了现行的设备采购和运维，对虚拟化核心网集成方式、网络运维带来巨大挑战。

NFV 中管理和编排（Management & Orchestration，MANO）是业务部署的核心，如图 5-35 所示它基于以实现软硬件解藕的网络功能虚拟化技术，实现了资源的充分共享和网络功能的按需编排，可进一步提升网络的可编程性、灵活性和可扩展性。采用 MANO 后给业务编排、虚拟资源需求计算及申请，以及网络能力部署带来极大便利，缩短了业务上线的时间。

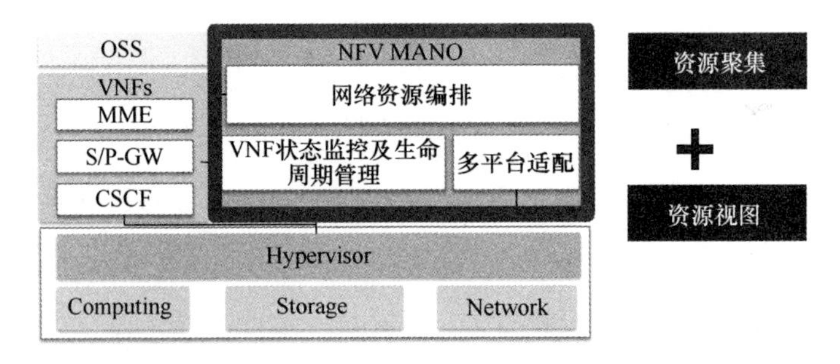

图 5-35　MANO 核心网虚拟化的架构

✧ 电信标准化问题

电信标准有着完整的流程，协议覆盖范围广，协议定义规范细致，往往需要历经数年才能正式发布，而 NFV 标准更多关注网络的管理接口标准化。这不仅仅涉及 ETSI、3GPP、ITU 等标准组织，而且涉及 IT 标准组织，特别是 Openstack 和 ONF 等开源组织，如图 5-36 所示，当前接口 1 涉及 OSS 和 Orchestrator 间的分工，预计 3GPP SA5 或 TMF 中进行标准化，通过开源 Openstack Heat 实现 Orchestrator 是 NFV 的选项之一，接口 2、3、4 涉及 VNFM，相关接口预计 3GPP SA5 或 TMF 进行标准化，基于开源的 Cloudfoundry 或 Openstack；接口 4、5、6 则可能基于开源 Openstack 来完善。

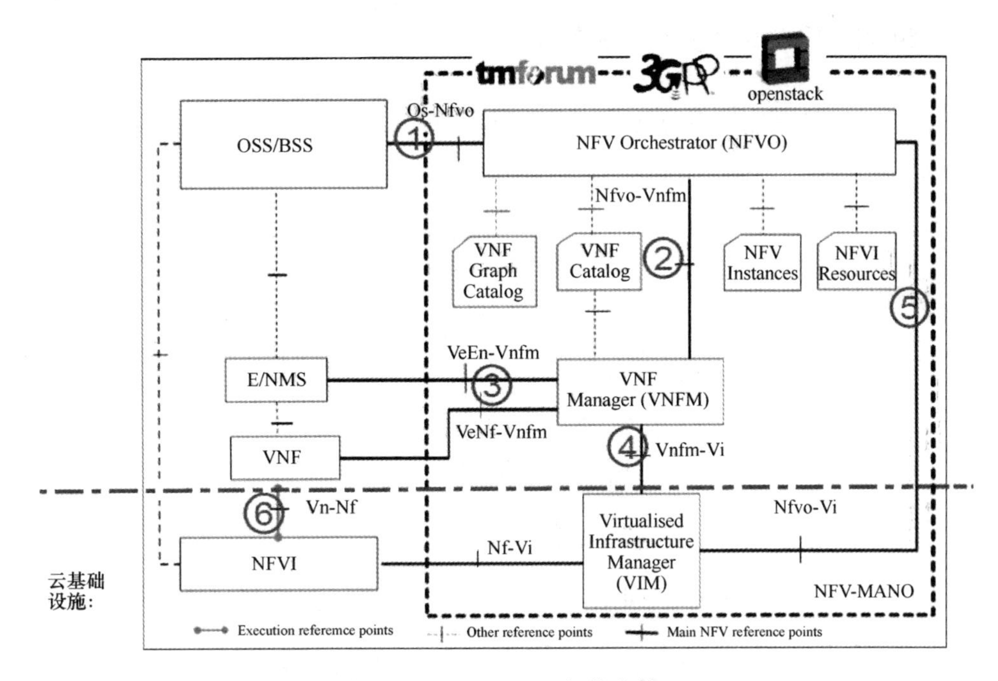

图 5-36 NFV-MANO 架构和接口

MANO 是整个 NFV 的核心，不同于现网的业务模式，其通过业务模版、流程等标准化来进行业务编排，MANO 和 OpenStack、Openflow 等开源技术紧密结合，对现有的电信标准化工作形成巨大冲击，总体上 NFV 还任重道远，相关技术和产业链需要由市场来检验。

✧ 可靠性挑战

电信核心网采用专有板卡设计，电信设备的可靠性需要达到 5 个 9，而采用 SDN/NFV 技术后，基础设施虚拟化，硬件平台采用通用服务器，其可靠性明显低于传统专用的电信设备，目前主要通过 IT 技术去保证可靠性，例如：分布式虚拟机，虚拟机备份，管理系统备份，实时的监控系统等技术方面。

SDN/NFV 如何影响 5G 架构

SDN 的控制和转发分离、集中控制的理念，NFV 的虚拟化思想将对 5G 网络架构的设计及网元形态产生重大影响，必将重塑 5G 网络系统。典型的 SDN/NFV Based 5G 架构示意图如图 5-37 所示。

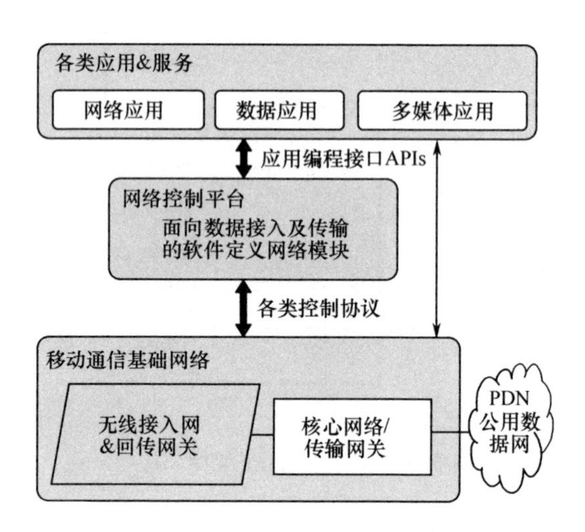

图 5-37 SDN/NFV Based 5G 网络架构

系统架构包含三个层，其中最上层是各类应用及服务；中间是网络控制平台，是整个架构的核心，其为上层的各类应用服务，执行面向应用的网络控制功能，它也可以灵活地配置和管理底层网络的各种资源；底层是基础设施层，主要是为核心网络和无线接入网提供数据传输支持。

SDN/NFV 位于网络控制平台，关键的功能是由编排器来实现的，通过软件平台配置数据处理功能、组建和操作参数实现网络功能的编排，虚拟化的网络功能组件将底层硬件设备的需求/请求上报/转发给编排器，编排器再对相关的网络资源进行准备、调度和分配处理，可以做到全局最优。例如，去控制每个设备的节能模式/状态，将部分利用率低的硬件设备处于待机状态，这样在低负载期间，可以获得更高的能量效率/能效，在峰值期间，可以快速地进行横向扩展或者纵向扩展。

SDN/NFV 给 5G 无线网络领域带来新的机遇。在未来 SDN Based 5G 架构中，控制面和数据面解耦不仅体现在核心网侧，而且体现在无线接入网，以及无线传送网之间。5G 中控制层将是无线控制和网络控制的融合，传统基于策略的业务管理功能（如计费、移动性管理、安全性管理、QoS、监测和优化等）从 5G 控制层独立出来，成为单独的实体，最终演进成为真正灵活的、可配置（用软件编程来）的移动通信网络，如图 5-38 所示。

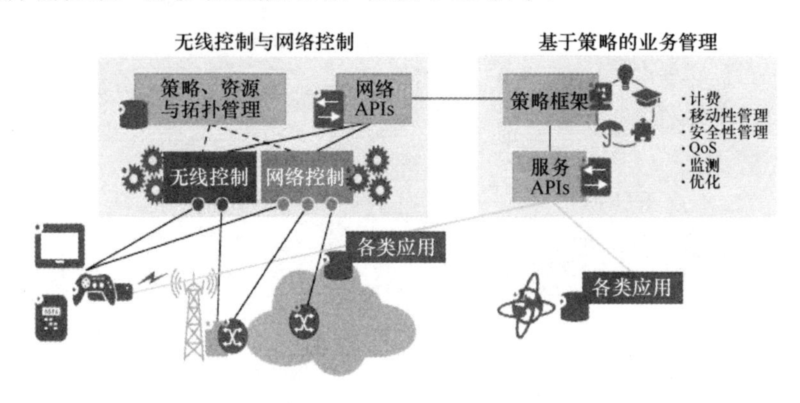

图 5-38　基于策略的 5G 可编程框架

目前，SDN/NFV Based 5G 网络架构中南北向接口尚未形成统一的标准，在相当长的时期，5G 中异构网络将会长期并存，如何实现新架构和传统网络的兼容，如何规范编程接口，如何发现灵活有效的控制策略，这将是 5G 面临的挑战。

网络能力开放

SDN 和 NFV 的引入使得 5G 网络能力开放成为一种共识，通过抽象出 5G 网络的能力集（基础设施、管道能力、增值服务、数据信息）形成 5G 能力层，该层对上提供北向接口，供第三方调用；对下使用南向接口控制网络层。5G 的能力层包括：资源编排、网络使能、开放互通三个模块，如图 5-39 所示，其中编排能力用于编排网络资源，保障按需调度；使能能力用于能力封装与适配，实现第三方应用需求与网络能力的映射；开放能力实现需求导入能力提供。而底层的网络层提供“基础设施”（基础设施管理、网元功能编排、资源编排管理），“管道能力”（数据流控制、移动性管理、认证授权计费），“增值服务”（QoS 控制、协议优化、内容引入、其他服务等），“数据信息”（业务数据、用户数据、网络数据）。

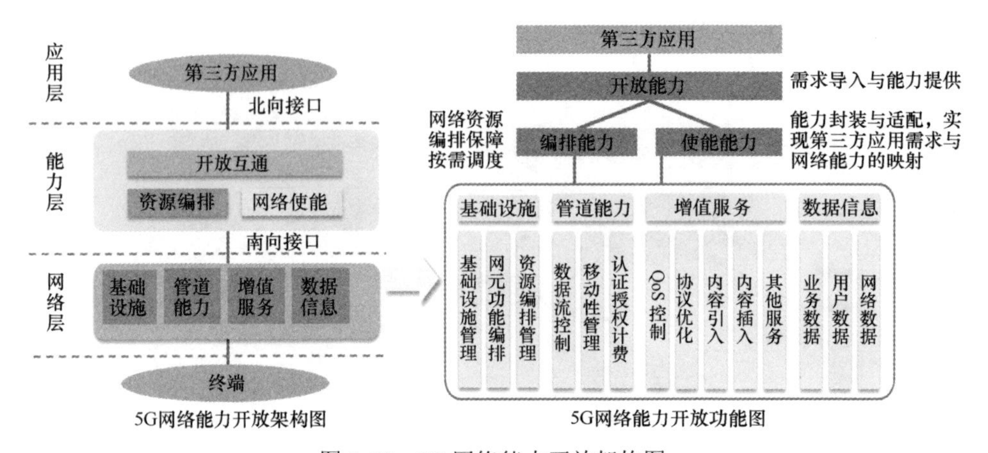

图 5-39　5G 网络能力开放架构图

SDN和C-RAN的融合

SDN/NFV与5G一脉相承，而C-RAN又是5G的基础架构，可以预见未来5G将是SDN＋NFV＋C-RAN融合的新型蜂窝网络架构，如图5-40所示。

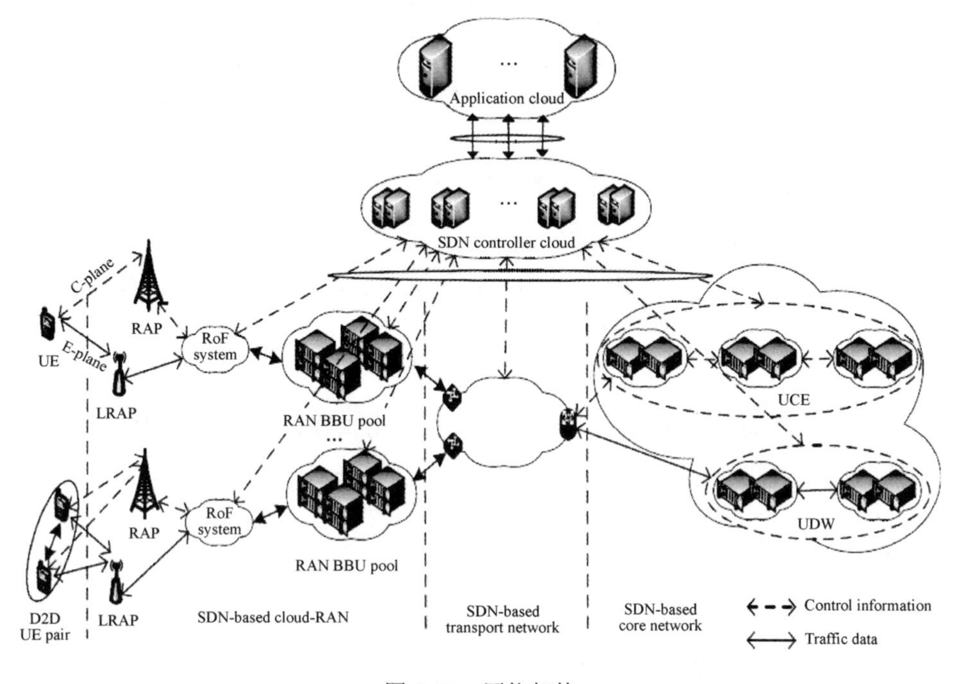

图5-40 网络架构

其中，RAP（Radio Access Point）提供信令覆盖的功能，类似现状的宏基站，LRAP（Light Radio Access Point）提供数据传输的功能，类似现状的小站Small Cell。

核心网由UCE（Unified Control Entity）和UDW（Unified Data Gateway）组成，UCE集成了原理MME、SGW-C和PGW-C的功能，UCE和SDN控制器一起管理GTP-U隧道，UDW实现数据转发的功能，集成了SGW-D和PGW-D

的数据传输功能。

该架构将彻底颠覆现有的网络架构，技术上需要关注以下几个方面。

- 控制器与基站间的功能划分

5G 需要支持多种异构的无线接入网，并通过统一的控制器进行资源管理，因此异构的无线接入制式，如何将其中的控制功能进行拆分，并融合成为统一的控制面，成为该架构实现的难点技术。

同样，5G 的业务多样，有高速率接入业务，有低时延高可靠业务，而通用服务器的处理性能、控制和承载分离的架构都会带来时延的增加，因此如何集中式控制模块与基站间功能化，成为影响系统性能以及可扩展性的关键因素。

- 信令重新设计

该架构拆分了更多的实体，必然导致原来无线侧和核心网侧的信令增加，如何减少信令，以便满足未来 5G 网络低时延的需求，是必须面对的挑战。

- 信号处理/数据面转发性能

SDN＋C-RAN 的架构，将通用硬件架构引入到 5G 无线网络中，相应的无线信号处理硬件，数据流转发硬件会被 X86 架构替代，相应的处理时延会增加，如何让 X86 更适应这些信号处理和数据转发机制，是需要重点关注的问题。

Ultra-Dense Network

未来的 5G 数据流量将井喷式增长，而无线物理层技术（如编码技术、MAC、调制技术和多址技术等）只能提升约 10 倍的频谱效率，即使采用更宽的带宽也只能提升几十倍的传输速率，而这远远不能满足 5G 的需求，采用频谱资源的空间复用带来的频谱效率提升的增益达到千倍以上，通过减小小区半径，采用超密集网络部署，可显著提高频谱效率，改善网络覆盖，大幅度提升系统容量，具有更灵活的网络部署和更高效的频率复用。

5G 超密集网络部署，打破了传统的扁平单层宏网络覆盖，使得多层立体异构网络（HetNet）应运而生，如图 5-41 所示。

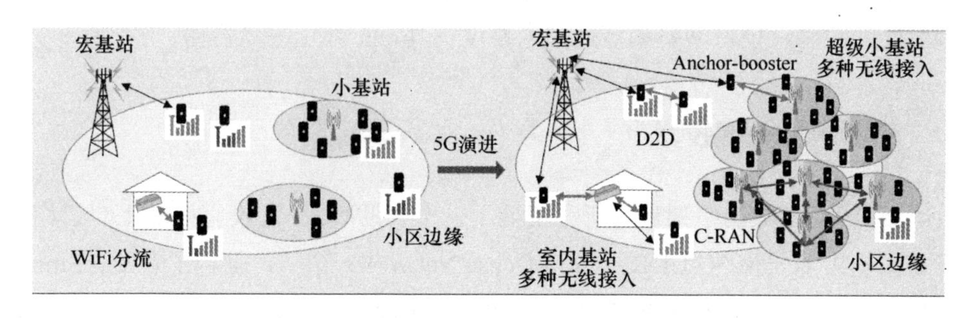

图 5-41 5G HetNet 架构

5G HetNet 架构中，超密小基站成为核心技术，随着超密小基站的大量部署，未来 5G 网络中宏站处理的网络业务流量占比将逐步下降，而小基站（包括室内小基站和室外小基站）承载流量占比将达到飞速攀升。

什么是超密网络

未来 5G 网络架构必然是异构多层的，支持全频段接入，因此低频段提供广域覆盖能力，高频段提供高速无线数据接入能力成为一种必然的选择。目前，5G 的各个组织已经形成了这样一个共识：6 GHz 以下的低频为 5G 的优选/首选频段，6 GHz 频点以上的频段作为 5G 的候选频段，低频段主要解决覆盖问题，高频段将主要用于提升流量密集区域的网络系统容量。

高低频混合组网的模式，必然诞生宏微协同的网络架构，因此宏站用低频解决基础覆盖，小站用高频承担热点覆盖和高速传输，成为 5G HetNet 的特点。5G 网络需要支持海量数据接入，随着多种设备接入 5G 系统，节点间距离减少，网络节点部署密度越发密集，网络拓扑更加复杂，技术上带来巨大的挑战。

传统技术是通过小区分裂的方式提升频谱效率，随着小区覆盖范围的变小，需要增加低功率节点数量来提升系统容量，5G 系统中节点的部署密度将超过现在的 10 倍以上，从而形成超密集异构网络，超密集网络拉近了终端与节点间的距离，使得网络频谱效率大幅度提高，扩展了系统容量。

超密网络关键技术

目前，超密集网络架构的研究正处于一个初期阶段，还没有标准化的架构。爱立信提出了一种 5G UDN（Ultra-Dense Network）架构，融合了宏站、Small Cell、C-RAN、D2D、CoMP 等技术，其中 UDN 是其核心内容。爱立信 5G UDN 架构如图 5-42 所示。

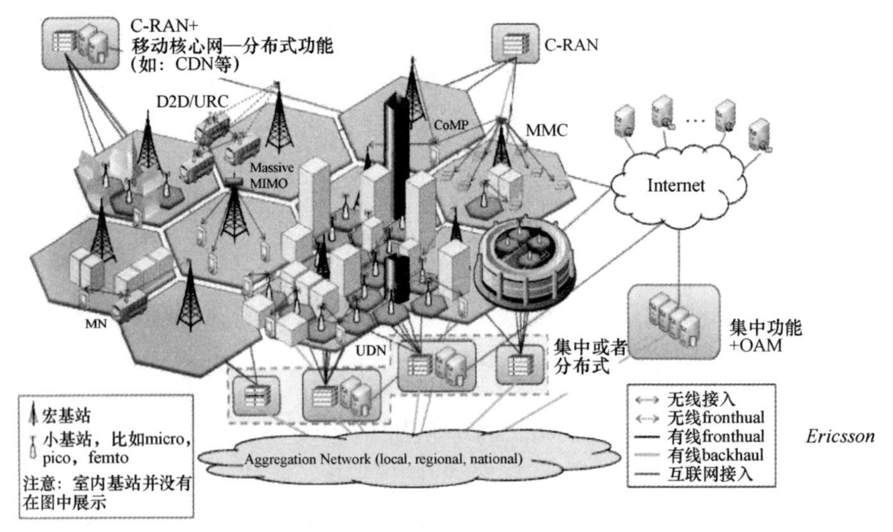

图 5-42　爱立信 5G UDN 架构

UDN 的核心技术包含干扰协调、无线回传、网络动态部署、SDN 和 UDN 结合四个方面。

- 干扰协调

超密集网络导致基站微型化成为必然趋势，微基站大量部署使得网络节点离终端更近，小区间干扰已经成为制约系统容量增长的主要因素，为避免基站之间的干扰，基站的辐射功率、频谱需要降低，这使手机的远近效应不再明显，手机开机时的功率控制步骤将简化，而且手机的辐射功率也会降低，在相同能量的情况下待机时间会增加，从而带来了功率效率、频谱效率的提升，大幅度提高了系统容量。

超密集网络中节点之间的距离减少，导致存在同频干扰、共享频谱的干扰、不同覆盖层次之间的干扰，由于近邻节点传输损耗差别不大，导致多个干扰源强度相近，进一步恶化网络性能，使得现有协调算法难以应对，通过多个小区间的集中协调处理，可以实现小区间干扰的避免、消除甚至利用。例如，通过多点协同（Coordinated Multipoint，COMP）技术可以使得超密集组网下的干扰受限系统转化为近似无干扰系统。

- 无线回传

UDN 系统中密集部署的站点之间需要超密集和大容量的回传网络，传统的有线回传网络由于部署难度大，成本高已经不适用，因此利用和接入链路相同频谱的无线回传技术成为一个重要的研究内容。

无线回传方式中，相同的无线网络资源被共享，同时提供终端接入和节点回传，因此需要接入与回传相统一的高频段移动通信系统，相应需要对无线回传组网方式、无线资源管理，高频段构建（无线接入与移动回传）统一的空口，以及分级/分层调度机制等进行深入研究。

此外 UDN 中宏微基站协同部署，给移动用户提供全网一致的业务体验。小基站可采用各种组网拓扑结构，先汇聚到宏基站，再上宏基站回传设备，或者直接连接到现有的移动回传或其他综合承载网络的汇聚传输节点设备上。

- 网络动态部署

密集的网络部署，也使得网络拓扑更加复杂，为了实现大规模的节点协作，需要准确、有效地发现大量的相邻节点；由于小区边界更多、更不规则，导致更频繁、更为复杂的切换，难以保证移动性性能，因此，需要针对超密集网络场景发展新的切换算法；由于用户部署的大量节点的突然、随机的开启和关闭，使得网络拓扑和干扰图样随机、大动态范围地动态变化，各小站中的服务用户数量往往比较少，使得业务的空间和时间分布出现剧烈的动态变化。同时，需要研究适应这些动态变化的网络动态部署技术，使得超密集小基站能够自动感知周围无线环境，自动完成频点、扰码、邻区、功率等无线参数的规划和配置；能够自动感知周围无线环境的变化，如周边增加新基站时，会自动进行网络优化，如自动调整扰码、邻区、功率、切换参数等，保证网络 KPI 目标的达成。

- SDN 和 UDN 结合

采用 SDN 的思想，将 UDN 网络的控制信令传输与业务承载功能解耦，根据覆盖与传输的需求，分别构建虚拟无线控制信息传输服务和无线数据承载服务，进而降低不必要的频繁切换和信令开销，实现无线接入数据承载资源的汇聚整合。同时，依据业务、终端和用户类别，灵活选择接入节点和智能业务分流，构建以用户为中心的虚拟小区，提升用户一致性业务体验与感受。

CDN

什么是CDN

内容分发网络（Content Delivery Network，CDN）技术，是在现有的网络上叠加了一层面向业务或内容的Overlay网络，通过将缓存服务器分布到用户访问相对集中的地区，并根据网络的负荷、流量、时延和到用户的距离等信息，将用户的请求重新导向离用户最近的CDN服务节点上，使用户可就近取得内容，从而提升用户的业务体验。

CDN的原理

CDN属于应用层的网络架构，如图5-43所示，在用户与内容源Server之间部署CDN边缘节点Server，当用户请求内容时，本地DNS将请求转发到全

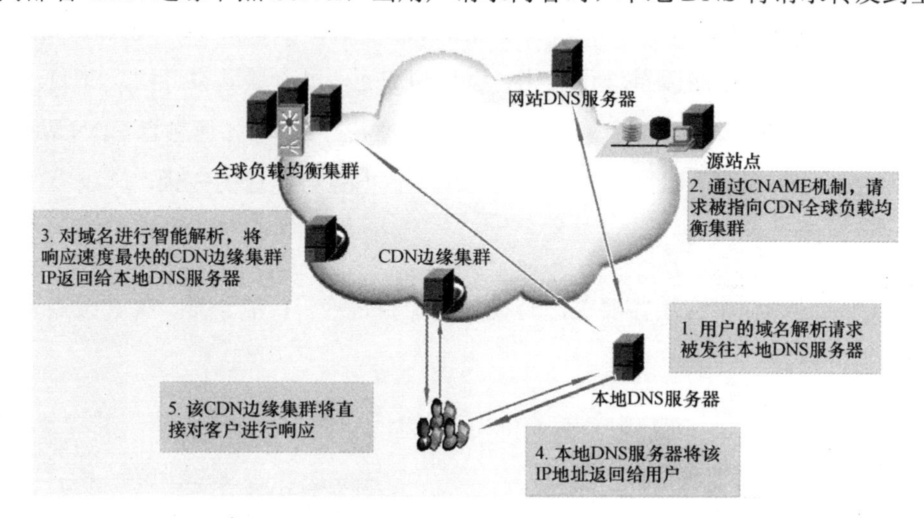

图5-43 CDN网络架构

球负载均衡集群，全球负载均衡集群对用户请求域名进行解析，将响应最快的CDN边缘集群地址返回给本地DNS服务器。本地DNS服务器将该边缘CDN的IP返回给客户端，客户端获取到该IP后，直接从本地边缘CDN节点获取内容，从而降低网络时延并提高用户体验。

CDN的路由机制需要考虑各节点连接状态、负载情况和用户距离等信息，通过将相关内容分发至靠近用户的CDN代理服务器上，实现用户就近获取所需的信息，使得网络拥塞状况得以缓解，降低响应时间，提高响应速度。

CDN在5G的应用

CDN通过低成本的Cache可以显著降低用户获取内容的时延，当前CDN技术已经和无线核心网开始融合，未来5G网络，高速、低延迟的业务越来越多，仅仅靠增加带宽并不能解决所有问题，因此CDN将成为5G系统解决网络拥塞问题和提升用户体验的合理选择。

未来5G网络更加扁平，通过将内容尽量分发至最靠近用户的基站，并对移动终端访问互联网流量进行优化、缓存和加速，可以显著提升用户体验，而小型化的基站则成为CDN的首选来存储热点内容，5G中如何融合CDN系统，优化处理内容获取的效率，解决无线网络中数据业务传送的瓶颈，这成为一个迫切的问题。

CDN在5G中应用需要关注音视频码流自适应、智能预推、TCP改进、无缝切换等内容。

- 音视频码流自适应

通过无线网络访问多媒体资源的时候，容易受到无线信号质量的影响（如音频不连续、视频会卡顿、掉帧、马赛克等），在5G的CDN系统中采用码流自适应技术，动态检测用户空口资源的变化情况，系统将根据不同带宽情况，实时转换码率格式，及时调整发送内容的码率，从而充分保障用户接受多媒体音视频的流畅性，提升用户体验。

- 智能预推

智能预推是一种提前部署热点内容到边缘节点的技术，即在网络空闲期间，将热点内容推送到CDN。在网络繁忙期间，优先使用热点内容命中用户请求，当用户请求未命中时，利用下拉方式从内容源获取内容。智能预推充分利用了空闲的带宽资源，保证了用户的业务体验。在5G网络中，允许内容提供商预先加载内容到移动CDN，可减少传输时延，减轻核心网的业务流量，提高5G网络传输速度。

- TCP改进

传统的TCP是针对有线网络、数据分组错误率小的场景而设计，TCP假定分组数据包丢失全是网络拥塞引起的，采用数据分组重传机制解决丢包问题。因此，在网络环境恶劣的情况下，简单的数据重传反而会进一步恶化网络状况，而无线网络由于误码率高、传输带宽低、移动性等特点，传统的TCP显得力不从心。

5G网络中移动CDN需要对TCP的重传机制进行改进，制定合理的慢启动门限值和拥塞窗口大小，此外还可以考虑一些新的TCP传输协议，如MP-TCP（多径TCP）。

- 无缝切换

5G网络的CDN技术通过用户识别会话保存技术，在用户与基站之间切换时，可以保证用户在文件下载、视频观看的时候，即使发生了接入基站的切换变化也无须重新下载文件或者中断视频，从根本上屏蔽了移动网络位置改变带来的影响。

SDN和CDN的结合

传统CDN无法感知网络状态，不具备获取全网拓扑的能力，难以定义转发策略，也不能实现动态的底层资源跨区域调度，内容调度难以做到效率最优，性能难以大幅提高；而SDN将控制平面与转发平面解耦后，控制平面可以集中式调度，获得全网拓扑以及实现流量优化控制，为用户实时动态分配资源。因此SDN和CDN可以形成技术优势的互补，使得基于SDN的CDN技术成为5G的研究内容。

如图5-44所示，是基于SDN的CDN网络架构，它结合了SDN和CDN

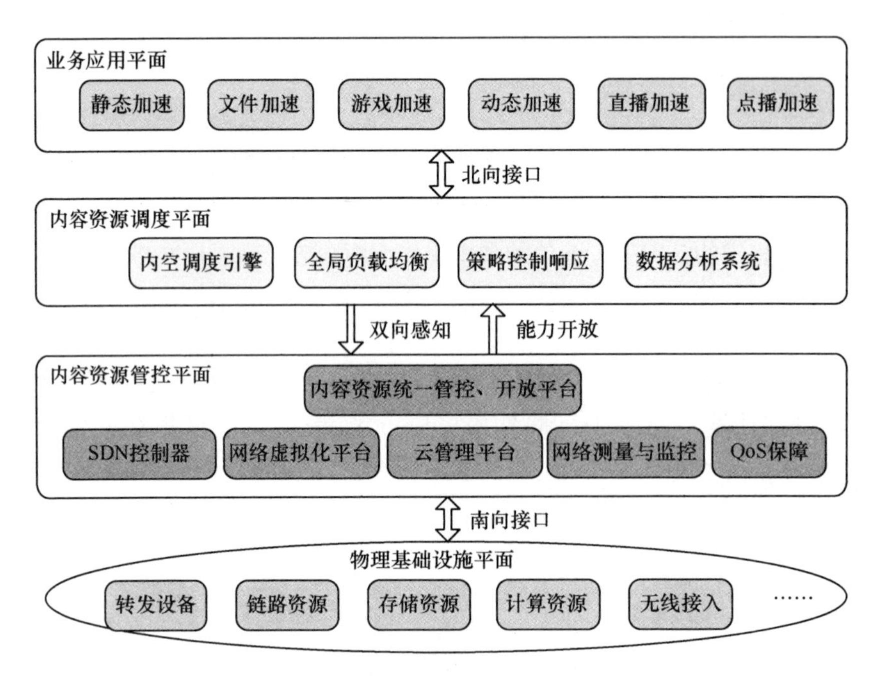

图5-44　基于SDN的内容分发系统架构

的优势，能够根据获取全网拓扑，整体优化内容调度。此外，SDN Based CDN 还可以修改网络状态及拓扑，掌控更多网络的细节，实现细粒度的策略控制，具备负载均衡机制、动态内容分发等关键能力。

图 5-44 的 SDN Based CDN 架构包括物理基础设施平面、网络资源管控平面、内容资源调度平面、业务应用平面，该架构采用 SDN 的南、北向接口，其中南向接口是控制和转发的接口，北向接口是 CDN 业务对外开放的接口。

其中，物理基础设施平面由分布式的路由器、服务器构成，提供转发、存储、计算能力；内容资源调度平面层替代原有的 CDN 中心调度系统，通过管控平面提供的数据实现全局负载均衡，而其上层为应用层，用于提供不同类型的加速服务，下层的分布式节点也由与负载均衡系统直接连接，变为通过 SDN 框架统一调度，经由资源管控平面控制资源的分配。因此，基于 SDN 的 CDN 可以实现控制与转发分离、功能与实现分离，也提高了 CDN 加速系统的扩展性及可维护性。

D2D

为什么需要 D2D

传统的蜂窝通信以基站为中心，基站（接入点或者中继站）的固定位置相对固定，是一种固定蜂窝的小区覆盖，但 5G 系统改变了以基站为中心的模式，转变为以用户为中心，因此传统的网络架构由于灵活性不够，已经不能满足 5G 海量用户在不同环境下的业务需求，如传统的网络架构中，小区边缘用户由于基站位置固定，尽管采用了多点协作技术可以改善边缘用户的覆盖性能，但是用户总体体验一直比较差。

D2D 技术（Device to Device Communication）能够实现无需基站的情况下，实现终端之间的直接通信，是一种近距离数据传输技术，D2D 通信在小区网络的控制下与小区用户共享资源。因此频谱的利用率将得到提升，具有减轻蜂窝网络的负担、减少移动终端的电池功耗、增加比特速率、提高网络基础设施故障的鲁棒性等，还能支持新型的小范围点对点数据服务。作为一种新型的通信技术，D2D 成为 5G 网络的候选技术之一。

什么是 D2D

如图 5-45 所示，是 D2D 通信系统的示意图，途中终端可以自主发现周围设备，利用终端间良好的信道质量，实现高速的直连数据传输，D2D 可以分为小区内的 D2D 和小区间的 D2D 两种，这两种 D2D 通信均受基站的控制。

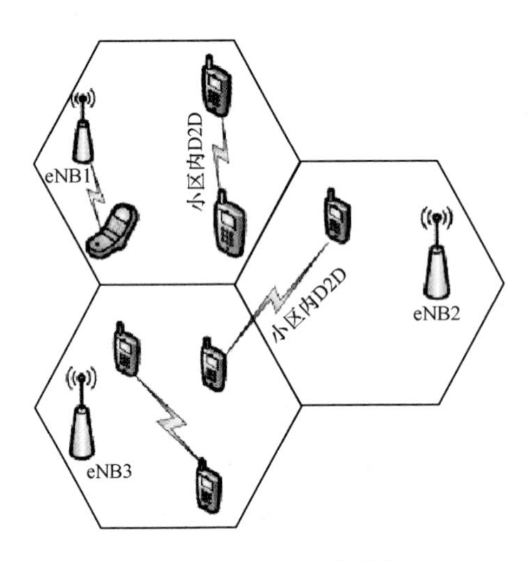

图 5-45　D2D 通信系统

需要指出的是 D2D 系统不同于 P2P 系统，P2P 可以做到全分布式，网络中可以不存在任何控制节点；而 D2D 系统在控制面实际上还是沿用现有的蜂窝架构，即相关的控制信令，如会话的建立、维持、无线资源分配，以及计费、鉴权、识别、移动性管理等仍由蜂窝网络负责；D2D 的数据面直接在终端之间进行传输，不需要通过基站转发。D2D 允许终端之间通过复用小区资源直接进行通信，能够增加蜂窝通信系统频谱效率，降低终端发射功率，在一定程度上解决无线通信系统频谱资源匮乏的问题。

LTE R12 开展了 D2D 的研究和标准化，主要针对公共安全场景，重点研究了终端之间的发现机制和终端之间广播通信技术。D2D 设计了全新的终端间空中接口，D2D 通信占用上行频域资源或时域资源进行直接通信，与“终端—基站”通信时分复用。

D2D 的优势和挑战

- 优势

5G 系统引入 D2D 通信后，大量终端设备通过 D2D 方式接入邻近的终端，可以获得资源空分复用增益，提高频谱效率；由于数据在终端之间直接传输，从而缓解基站的压力，提升数据传输速率；由于 D2D 直接在终端时间传输数据，从而降低端到端的传输时延，降低终端发射功率；由于 D2D 利用了广泛分布的终端，能够改善覆盖，拓展覆盖范围，当无线通信基础设施损坏，或者在无线网络的覆盖盲区，终端可借助 D2D 实现端到端通信甚至接入蜂窝网络，提升链路灵活性和网络可靠性。

在 5G 网络中，D2D 通信可以使用授权频谱，也可在非授权频段部署；可以采用广播、组播和单播技术，还可以和中继技术（Relay）、多天线技术（Massive MIMO）和联合编码技术等结合，给 5G 网络带来更大的性能提升。

- 挑战

5G 中采用 D2D 也面临一些挑战。首先，D2D 和蜂窝通信的切换成为比较突出的问题，当终端距离不足以维持近距离通信，或者 D2D 通信条件满足时，如何进行 D2D 通信模式和蜂窝通信模式的最优选择切换需要解决；其次，需要考虑 D2D 小区干扰，当小区内或者小区之间进行 D2D 通信，会对其他用户和小区基站造成不可避免的干扰，如何进行干扰协调，是 D2D 需要解决的问题。

第六章

不能被遗忘的角落

5G 语音如何设计

语音一直是传统无线网络的核心业务，语音解决方案也成为整个无线网络的核心技术，在 2G/3G/4G 的不同阶段，分别有不同的语音解决方案，而 5G 网络并不是专门为语音业务构建，也可能没有传统的电路域，因此 5G 的语音解决方案很可能分为三种：双待机终端解决方案、语音回落解决方案和 VoLTE（IMS 控制下的 VoIP 语音业务）解决方案。

双待机终端解决方案

该方案的实质是，运营商同时部署 5G 网络（提供数据业务）和传统的 3G/2G 网络（提供语音业务），用户终端使用多模芯片，同时待机在 5G 网络和 3G/2G 网络，使用 3G/2G 网络进行语音通信，使用 5G 网络进行数据业务。

语音回落解决方案

用户需要进行语音业务的时候，从 5G 网络回落到 3G/2G 的电路域重新接入，并按照电路域的业务流程发起或接听语音业务。

VoLTE 解决方案

VoLTE 是 4G 语音的解决方案，其核心思想是采用 IMS 来提供语音业务，EPC 作为承载层，仅提供数据接入功能。IMS 系统作为业务控制层系统，主要完成呼叫控制等功能，提供和电路域性能相当的语音业务及其补充业务，IMS 不仅能够实现语音呼叫控制等功能，还为业务开发定义了 API 接口，能够快速开发新业务。

在 4G 时代 VoLTE 的发展严重滞后，VoLTE 与电路域话音长期共存，很大的原因在于 4G 时代 VoLTE 占优势的高清话音和低延迟特性并没有显著的需求。

尽管 5G 的设计初衷是为了满足高速的数据接入和低时延高可靠业务，但是语音作为移动蜂窝通信中最基础的业务，在 5G 时代又有了新的需求，特别是随着 4K 视频、虚拟现实 VR 等成为 5G 的杀手业务，要求高清、高保真、低时延的音频（包括语音）成为 5G 的必选特性，使得 VoLTE 技术能够体现强大的技术优势，能够满足 5G 用户的业务体验。因此，VoLTE 必然成为 5G 语音的核心解决方案。

信令风暴如何解决

信令风暴产生的根源

随着智能手机带来移动互联网的飞速发展，孕育了 OTT 产业，所谓 OTT 是指各种移动互联网的数据业务，OTT 不依赖于运营商的业务网，仅仅把运营商作为数据传输的管道。OTT 独立于运营商，一方面挤压了运营商的传统短信、话音业务，另一方面 OTT 应用为保持长期在线，采用频繁的信令交互，给电信信令网络造成了极大的负荷，对电信网络形成巨大挑战，带来了信令风暴的问题。

信令风暴产生的根源在于，传统无线网络是基于语音通信模型构建，而 OTT 的业务模型和语音通信模型大不相同，因此业务与无线通信体制不匹配是无线网络信令风暴的根源。

具体来说，无线通信网络的信道资源，都是有限的，所以从终端到网络都不允许用户独占无线信道，无线信道资源是多用户共享的，因此终端用户不能时刻占用无线信道，要发起业务时向网络提出申请，网络根据目前无线信道的忙、闲被占用情况来分配信道；用户被分配业务信道后，在分配的信道上开始业务，业务完成后释放信道资源的过程。这种设计满足了传统语音通信业务，而对于 OTT APP 而言，其要求时刻在线，因此需要周期性的向服务器发送心跳信令，让系统不断确认其在线状态，引发的无线信令流量是传统语音的 10 倍以上，造成信令资源被小包占据，信令信道容易发生拥塞，就会导致空口资源的调度失控，造成即便空口资源空闲时，终端也申请不到空口资源，进而终端会不断重试，导致信令信道更加拥塞，直到瘫换，这就是“信令风暴”。终端快速休眠的机制需要在定期释放无线信道资源进行省电，OTT 的时刻在线打破了终端的休眠机制，使得无线网络需要频繁为其分配无线信道，从而带来了频繁的信令交互。

信令风暴解决方案

信令风暴是非常严重的问题。未来 5G 引入 M2M、车联网和 D2D 等技术，都会带来更多的信令，5G 网络需要对小包信令给出切实的方案，否则信令风暴问题将更加突出。可喜的是，业界已经在信令风暴的研究上取得了一些成果。例如，针对小数据的传输来优化智能终端信令流程，重新设计小数据专用的RRC状态，以及小数据RRC流程（如稀疏、周期流程），从而大幅减少信令流量，优化设备提升基站的信令处理能力；规划宏微基站，吸收热点信令和话务；通过网络优化专业服务确保信令风暴方案成功部署；通过网络信令模型的实时监控和主动通知，实现信令风暴提前预警，让移动网络运营商在应对信令风暴占据时间主动；等等。此外结合大数据分析，数据包检测等技术，探测出OTT APP的规律，预测用户的行为，制定一套网络参数来降低智能手机信令流量，也可以有效降低网络负荷。

5G的安全怎么办

5G安全非常严峻

无线网络的发展越来越重视网络安全，例如：2G网络对空口的信令和数据进行了加密保护，并采用网络对用户的认证，但没有用户对网络的认证；而3G采用网络和用户的双向认证，3G空口不仅进行加密而且还增加了完整性保护，核心网也有了安全保护；4G不仅采用双向认证，而且使用独立的密钥保护不同层面（接入层和非接入层）的数据和信令，同时核心网也有网络域的安全保护。

尽管如此，由于电磁波开放式传播造成的无线链路的脆弱性，移动通信系统的安全性问题依然非常突出。随着5G将人与人的通信，扩展到人与机器、机器与机器的通信，5G面临的安全威胁更加广泛而复杂，不仅面临传统安全威胁，而且面临功能强大的海量智能终端、多种异构无线网络的融合互通、更加开放的网络架构和更加丰富的5G业务等带来的新安全威胁。

5G安全解决方案

5G安全架构，可以从物理层安全、网络域安全去考虑，制定合理的5G安全解决方案。

- 物理层安全技术

其中物理层安全是从根本上解决无线通信的安全问题，在保证用户通信质量的同时防止信息被潜在的窃听者截获。

传统的物理层安全采用两类方法：一类是采用信源加密来避免信息泄露；另一类是采用序列扩频/跳频、超宽带等调制解调技术，提高信号传输的隐蔽性和信息还原的复杂度。

这两类技术面临一旦密钥或者调制解调参数被破解，则防护机制形同虚设。近来，利用无线信道在空时频域具有明显的多样性、时变性，设计安全传输方法成为近年来无线通信安全的研究热点。

如Massive MIMO（大规模天线阵列）使得信道差异的空间分辨率更高，高频段使得信道差异对位置更加敏感，丰富了信道特征的多样性和时变性。TDD模式下信道的互易特性更加明显，且通信双方的信道特征具有一定的私有性等，通过充分利用无线物理层传输特性，研究安全传输、密钥生成、加密算法和接入认证技术，可以显著提升无线传输安全等级，增加黑客攻击的难度。

- 网络域安全机制

5G的网络域安全，需要在终端接入隧道保护机制，增强双向认证机制，统一的鉴权认证机制上进行研究。5G 的网络需要对终端接入的隧道进行防护，将用户接入与加密协商过程也进行加密保护，确保所有与用户身份信息相关的消息都进行加密，提高通信系统的安全性。此外，为解决目前突出的伪基站问题，防止伪终端“透明转发”的攻击，需要将认证数据和无线传输链路进行强绑定，实现终端和核心网，以及终端和接入网之间的双向认证增强机制。由于 5G 是一种多接入多制式的网络系统，必然会引起密钥切换、算法协商问题，因此可能有多套接入认证系统，导致接入认证机制和加密算法各有不同，使得接入安全存在短板，就有必要在 5G 中采用与无线接入无关的统一接入认证机制。

5G 终端如何发展

未来的 5G 通信由个人通信向行业用户拓展和细分，其业务领域将不再局限于传统 ICT 行业，而是进一步渗透到其他行业（如物联网等），同时带来终端形态的多元化、融合化发展趋势。未来 5G 终端的形态不再局限于手机，可穿戴设备、智能家居、计费计量仪表、工业控制产品等物联网设备都将是 5G 终端的一部分。

未来 5G 终端应用到移动互联网和物联网领域，将面临高速率、高可靠性、高密度通信、高移动性、低时延、低功耗、低成本、多元化终端形态和多种无线接入方式融合等技术的挑战。

5G 终端应用场景

如图 6-1 所示，未来 5G 将广泛应用于人们生活、工作学习、休闲娱乐、社交互动等各个方面，覆盖住宅区、乡郊野外、办公场所、大型商业综合场所、公交地铁、高铁和高速公路等场景。总体而言，未来 5G 终端将主要应用于移动互联网和物联网等领域。

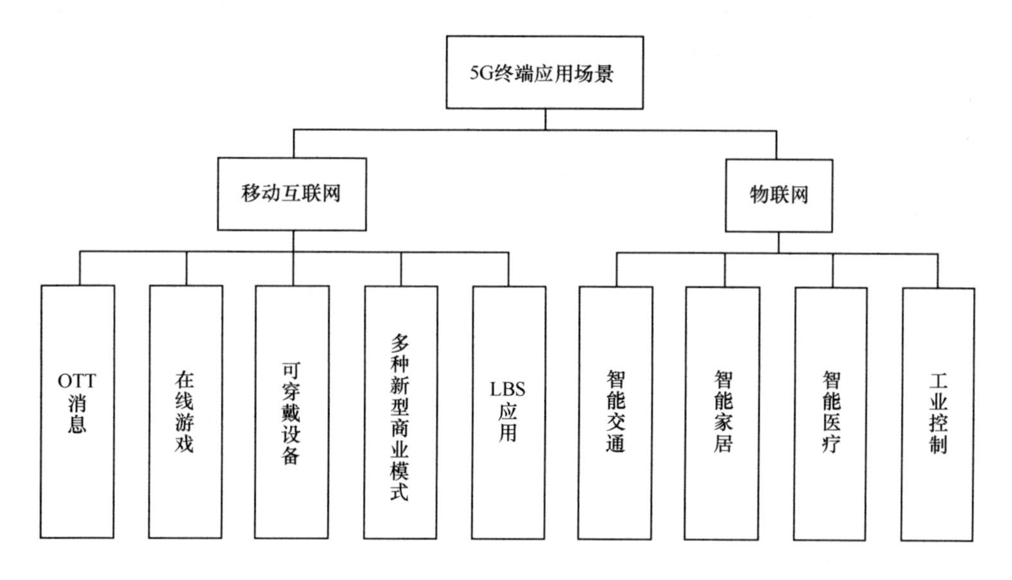

图 6-1 5G 终端应用场景

- 移动互联网领域

未来移动互联网将为用户提供增强现实、虚拟场景、超高清（3D）视频、移动云等更加身临其境的极致业务体验，未来联网终端数量将呈爆发式增长，未来 5G 网络下终端移动互联网应用将极大的丰富，典型应用分为：在线游戏、OTT 消息、图片共享、视频分享、视频通话、云存储、在线阅读、在线流媒体、移动支付、虚拟现实等。

移动互联网和云计算技术的发展，推动终端不断向便携式、智能化、多元化方向发展，相应的数据处理和传输能力也成为终端的重要指标。

- 物联网领域

物联网业务类型丰富多样，业务特征也差异巨大，未来5G需要支持大量的物联网业务，例如：视频监控，4K视频等高速传输业务；智能家居、智能电网、环境监测、智能农业和智能抄表等海量设备连接和大量小数据包频发的业务；车联网和工业控制等毫秒级的时延和高可靠性业务；等等。

5G 终端技术挑战

未来 5G 技术包括毫米波通信、超密集小区、D2D、同时同频全双工、Massive MIMO、新型异构网络架构等，与此同时，5G 终端将面临严峻挑战。

为了灵活适应 5G 网络的发展，未来的 5G 终端需要关注低功耗、多元化终端形态、多种无线接入方式的融合等方面。

- 低功耗

未来 5G 网络需要支持超高速率、超低时延的业务，因此 5G 的终端处理能力将得到极大提升，可以预见 5G 时代大屏智能终端、手机芯片的多核多模化、主频的不断提高、终端体积的轻便化成为最基本的特征，相应将对终端的耗电提出更高的要求。未来 5G 需要从芯片架构、屏幕显示技术、新型射频功放技术，以及高效能、低复杂度算法等多层面改善终端的功耗性能。

除此以外，网络协议也需要考虑省电的特性，未来 5G 的场景更加复杂，特别是 D2D 的出现，使得终端和网络的界限更加模糊，因此 5G 的终端功耗，需要和网络作为一个整体去设计考虑。

未来 5G 终端的网络效率使能技术，如图 6-2 所示，需要考虑媒体、应用、传感器、射频、无线基带处理和多模支持等多个维度。

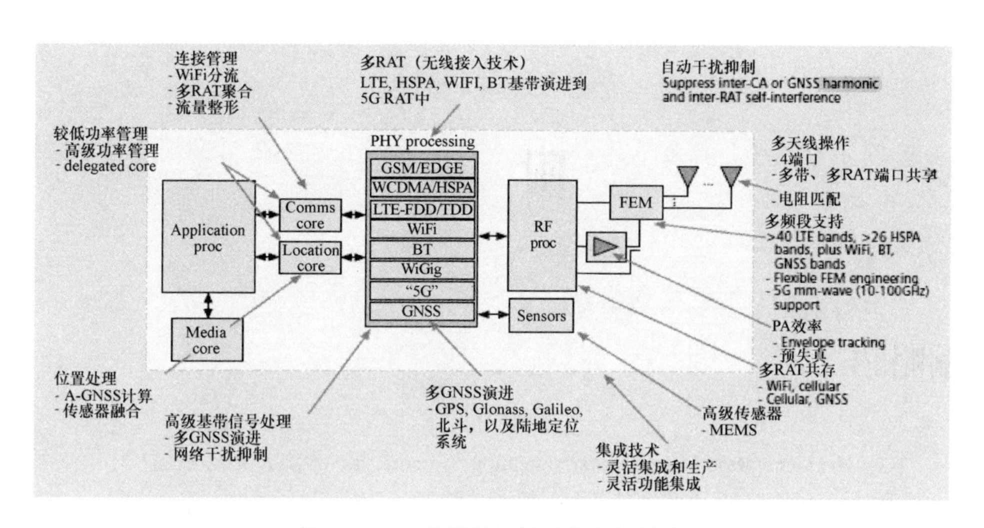

图 6-2　5G 终端的网络效率使能技术

- 多元化终端形态

随着 5G 场景从移动互联网跨越到物联网，5G 的终端设备的形态方面也更加多样化，除传统的个人通信设备外，可穿戴设备（智能手环、智能眼镜、腕表、跑鞋等）、智能家居领域（智能机顶盒、智能家电、智能开关等）、车联网、工业控制、安防监控、医疗教育等终端设备，都成为 5G 终端的组成形式。

- 多种无线接入方式的融合

5G 网络架构将融合多种无线接入技术，相应的 5G 终端需要能够实时的从设备层（电池、CPU、设备信息等），应用层（视频服务、Web 服务、云服务等），用户环境（用户位置和用户的要求），环境情景（移动、光照等）等感知和检测所处的网络环境，自适应调整匹配网络配置。此外，还需要有从环境中学习，无需人为干预和配置，终端即可以自动决策，并获得最优的端对端性能。

附　录

缩略语

1G，1nd Generation Mobile Communication System，第一代移动通信系统

2G，2nd Generation Mobile Communication System，第二代移动通信系统

3G，3rd Generation Mobile Communication System，第三代移动通信系统

4G，4th Generation Mobile Communication System，第四代移动通信系统

5G，5th Generation Mobile Communication System，第五代移动通信系统

RAT，Radio Access Technology，无线接入技术

HetNet，Heterogeneous Network，异构多层网络

3GPP，3rd Generation Partnership Project，第三代移动通信合作伙伴计划

ITU，International Telecommunication Union，国际电信联盟

IMT-2020，International Mobile Telecommunications for 2020，面向 2020 年的国际移动通信

ITU-R，International Telecommunication Union Radio，国际电信联盟无线组

WRC，World Radio Conference，世界无线电大会

MWC，Mobile World Congress，世界移动通信大会

NGMN，Next Generation Mobile Networks，下一代移动通信网络论坛

CDMA，Code Division Multiple Access，码分多址接入

FDMA，Frequency Division Multiple Access，频分多址接入

TDMA，Time Division Multiple Access，时分多址接入

GSM，Global System for Mobile communications，全球移动通信系统

WCDMA，Wideband Code Division Multiple Access，宽带码分多址

LTE，Long Term Evolution，长期演进计划

LTE-A，Long Term Evolution- Advanced，移动通信网络长期演进的高级阶段

WiFi，Wireless Fidelity，无线保真

WLAN，Wireless Local Area Network，无线局域网络

SC-FDMA，Single Carrier Frequency Division Multiple Access，单载波频分多址接入技术

OFDM，Orthogonal Frequency Division Multiplexing，正交频分复用

OFDMA，Orthogonal Frequency Division Multiple Access，正交频分多址接入

MUSA，Multi-User Shared Access，多用户共享接入

NOMA，Non-Orthogonal Multiple Access，非正交多址接入

F-OFDM，Filtered-Orthogonal Frequency Multiplexing，基于滤波的正交频分复用

UF-OFDM，Universal Filtered - Orthogonal Frequency-Division Multiplexing，基于通用滤波的正交频分复用技术

PDMA，Pattern Division Multiple Access，图样分割多址接入

SCMA，Sparse Code Multiple Access，稀疏码分多址接入

FBMC，Filter Bank MultiCarrier，滤波器组多载波

OAM，Orbital Angular Momentum，轨道角动量调制

LDPC，Low Density Parity Check，低密度奇偶检验

MAC，Medium Access Control，媒体接入控制

MIMO，Multiple Input Multiple Output，多输入与多输出技术

CoMP，Coordinated Multipoint，多点协作传输技术

mmWave，millimeter Wave，毫米波频段

CA，Carrier Aggregation，载波聚合技术

DC，Dual Connection，双连接技术

Multi-RAT，Multiple Radio Access Technologies，多层/多类无线接入技术

U/C，U-Plane/C-Plane，用户面与控制面

MPTCP，Multipath Transmission Control Protocol，多径传输控制协议

SDN，Software Defined Network，软件定义网络

NFV，Network Function Virtualization，网络功能虚拟化

SDR，Software Defined Radio，软件定义无线电

SON，Self Organization Network，自组织网络

C-RAN，Cloud Radio Access Network，云无线接入网

EPC，Evolved Packet Core，移动通信网络演进的分组核心网络

vEPC，virtualized Evolved Packet Core，虚拟化的动通信网络演进的分组核心网络

CDN，Content Delivery Network，内容分发网络

D2D，Device-to Device，终端设备间直接通信

IoT，Internet of Things，物联网

M2M，Machine to Machine，机器类通信

CMCC，中国移动通信集团公司（简称“中国移动”）

CATR，工业和信息化部电信研究院

反侵权盗版声明

举报电话：（010）88254396；（010）88258888

传　　真：（010）88254397

E-mail：　dbqq@phei.com.cn

通信地址：北京市海淀区万寿路 173 信箱

　　　　　电子工业出版社总编办公室

邮　　编：100036